图解
SQL
数据库语言轻松入门

［日］株式会社ANK　著

王非池　译

U0244328

中国青年出版社

SQLの絵本 第2版

(SQL no Ehon Dai2han : 5514-2)

© 2018 ANK Co.,Ltd

Original Japanese edition published by SHOEISHA Co.,Ltd.

Simplified Chinese Character translation rights arranged with SHOEISHA Co.,Ltd. through CREEK &
RIVER Co.,Ltd. and CREEK & RIVER SHANGHAI Co.,Ltd.

Simplified Chinese Character translation copyright © 2021 by China Youth Press

律师声明

北京默合律师事务所代表中国青年出版社郑重声明：本书由日本翔泳社授权中国青年出版社独家出版发行。未经版权所有人和中国青年出版社书面许可，任何组织机构、个人不得以任何形式擅自复制、改编或传播本书全部或部分内容。凡有侵权行为，必须承担法律责任。中国青年出版社将配合版权执法机关大力打击盗印、盗版等任何形式的侵权行为。敬请广大读者协助举报，对经查实的侵权案件给予举报人重奖。

侵权举报电话

全国"扫黄打非"工作小组办公室	中国青年出版社
010-65233456 65212870	010-59231565
http://www.shdf.gov.cn	E-mail: editor@cypmedia.com

版权登记号:01-2020-2825

图书在版编目（CIP）数据

图解SQL：数据库语言轻松入门 / 日本株式会社ANK著; 王非池译. — 北京:中国青年出版社,2021.8

ISBN 978-7-5153-6445-2

I.①图… II.①日… ②王… III.①SQL语言-程序设计-图解 IV.①TP311.132.3-64

中国版本图书馆CIP数据核字（2021）第125942号

图解SQL—— 数据库语言轻松入门

[日] 株式会社ANK / 著　王非池 / 译

出版发行	中国青年出版社	印　刷	天津旭非印刷有限公司
地　　址	北京市东四十二条21号	开　本	787×1092　1/16
邮政编码	100708	印　张	13.5
电　　话	（010）59231565	版　次	2021年8月北京第1版
传　　真	（010）59231381	印　次	2021年8月第1次印刷
企　　划	北京中青雄狮数码传媒科技有限公司	书　号	ISBN 978-7-5153-6445-2
		定　价	79.90元

策划编辑	张　鹏
执行编辑	王婧娟
营销编辑	时宇飞
责任编辑	张　军
封面设计	乌　兰

本书如有印装质量等问题，请与本社联系

电话：（010）59231565

读者来信：reader@cypmedia.com

如有其他问题请访问我们的网站: www.cypmedia.com

前　言

　　如今，在计算机上管理信息已经是理所当然的事情了，数据库作为信息管理手段之一，得到人们的广泛运用。数据库有多种不同的类型，其中最为普遍的是关系数据库，而关系数据库所使用的语言正是SQL。

　　SQL语句使用的都是比较简单的英语词汇，很容易上手，而且单词的种类比较少，只要能够记住每个单词的含义，至少"阅读"不会存在什么问题。学习本书所介绍的示例，从思考"这个有什么用？"开始学习也是很不错的。拥有了阅读的能力，自然而然也会获得编写的能力。

　　本书是SQL学习的入门书籍。虽然列举了很多用于操作数据库的基础SQL语句，但是仅依靠SQL语句想象数据的运作方式是很困难的。为了尽可能帮助读者理解，本书会配合插画进行详细的说明。只要能够抓住SQL的脉络，之后的学习过程就更加轻松。

　　本书以数据库已经搭建好为前提，着重介绍"数据操作"的部分。如果阅读本书之后，还想要知道更加详细的数据库设计相关内容，推荐选择其他更高级的专业书籍。虽然使用某些软件可以在不使用SQL语句的情况下轻松获取数据，但本书为了提高读者对SQL的熟悉程度，将会使用名为sqlcmd的SQL Server指令，该指令需要用户输入SQL语句来操作数据。

　　非常高兴本书在14年之后可以再次修改并出版。为了紧跟时代潮流，著名的RDBMS的相关功能也整理更新到了本次的修订之中。另外，还特别修改了"在开始学习SQL之前"部分的顺序和内容，期望能让读者更加顺畅地理解本书的内容。

　　希望本书能够成为您走近SQL的契机。

≫本书的特点

● 每个问题会控制在大概两页的篇幅进行介绍，这种设计不仅可以让读者保持印象的完整，也便于以后在查找所需内容时，能够更有效率地使用本书。

● 各个知识点在介绍过程中尽可能摒弃艰深晦涩的说明，相对复杂的技术也都配有插图，便于读者抓住整体的感觉。比起一直钻研细节，本书建议抓住整体的印象然后继续阅读。

● 使用本书的示例，需要在Microsoft Windows 10系统中运行SQL Server 2017 Express，然后通过sqlcmd输入SQL语句。关于SQL Server 2017 Express的安装请参考附录。

≫适用读者

本书不仅适用于第一次学习SQL的读者，也适合曾经尝试学习却挑战失败的读者，或对数据库有一定了解但没有接触过SQL语句的读者阅读。

≫标注说明

本书包含以下规则。

【示例与运行结果】

输入sqlcmd中的内容

例

```
CREATE DATABASE db_book;
GO

USE db_book;
CREATE TABLE tbl_book (
    code INT,
    title VARCHAR(30),
    price INT);
GO

SELECT * FROM tbl_book;
GO
```

实际输出显示的内容

运行结果

```
code        title        price
--------    --------    --------
```

目 录
Contents

7

在开始学习 SQL 之前

 ## 数据库是什么

　　SQL（Structured Query Language）是 "用于操作**数据库**的语言"。那么 "数据库" 又是什么呢？一说到数据库，很多人就会联想到人事数据库或是顾客管理数据库这种 "将大量数据集中起来的集合"。从严格意义上来说，数据库是 "基于某种目的以及规则进行管理的数据汇总"，此处的重点在于 "（被）管理的"。

　　举个例子，假设桌子上摆放着书本和文具，如果全都杂乱无章，没人清楚到底东西都放在哪里，听到 "请拿出铅笔" 的要求，也没办法立刻做到。如果按照某种规则整理好书本和文具，就可以迅速回应请求。如果把这种情形中整理好的书本和文具比作数据库，那么进行整理的人则是**数据库管理系统（DBMS）**。换言之，数据库就是在数据库管理系统管理之下的数据集合。

数据库的种类

数据库分为层次型、网（Net Work）型、关系（Relational）型等多种不同的类型，现今得到最广泛应用的是关系数据库。关系数据库由多个项目（字段、列等）组成，通过表的形式进行管理。此类系统称为**关系数据库管理系统（RDBMS）**，而关系数据库管理系统整合管理的数据汇集起来也就是**关系数据库（RDB）**。

⬚ ……**数据**

层次型

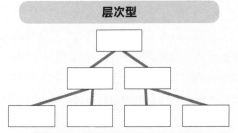

数据由一对多的亲子节点所连接，是一种很古老的数据库形态，很难对信息进行集中管理。

网（Net Work）型

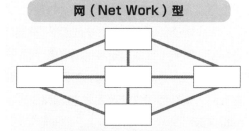

数据以多对多的方式进行连接。虽然可以集中管理数据，但是数据间的关系过于复杂，管理起来非常困难。

另外还有"分布式""面向对象式"等。

关系（Relational）型

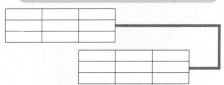

数据通过行与列所构成的表（table）进行管理。各个数据之间保持独立、便于管理，并且表之间可以自由进行组合关联（Relation）。

 ## SQL的诞生

最初是IBM公司的E.F.Codd于1970年提出了关系数据库的概念，不久之后就开发出了世界上最早的关系数据库管理系统System R。当时操作该系统所使用的语言是**SEQUEL**（Structured English Query Language），后来改名为**SQL**，改名好像是因为已经有其他企业注册了名为SEQUEL的商标。

进入20世纪80年代后，SQL在被改良的同时，各机构也在推进其标准化的进程。1986年由ANSI（American National Standard Institute）、而1987年则是ISO（International Organization for Standardization）与JIS（Japanese Industrial Standard）相继提出各自的标准。之后也推出了另外几种标准，直到2018年，通常使用的还是SQL99。

公元	认证机构	标准
1986	ANSI	ANSI X3.135-1986（SQL86）
1987	ISO	ISO 9075-1987（SQL87）
	JIS	JIS X3005-1987（SQL87）
1989	ISO	ISO 9075-1989（SQL89）
1992	ISO	ISO 9075-1992（SQL92/SQL2）
1999	ANSI	ANSI X3.135-1999（SQL99）
	ISO	ISO 9075-1999（SQL99）

 # SQL是什么

SQL用一句话来说明就是"用来与关系数据库管理系统进行对话的语言"。对关系数据库管理系统提出"请给我○○这样的数据""请保存一个△△这样的数据"等要求时，就需要使用用SQL进行沟通。不仅限于关系数据库管理系统，与数据库管理系统对话时所使用的语言名为**数据库语言**，而对数据库管理系统提出要求则称为**查询（Query）**。

并且，从SQL99开始正式添加了编程功能的SQL，不再只是用于"对话"的手段，更是以编程语言的方式在活跃着。在关系数据库管理系统中预先设置好SQL编写的多项处理，就能以程序的形式进行调用并执行，而这种实现了相关功能的程序称为**存储过程**。由于本书的目的是教授SQL的基础，所以只在第8章中稍微介绍了一些相关知识，感兴趣的读者可参考学习。

在关系数据库作为主流的当下，大多数的数据库管理系统都支持SQL，将SQL称为"数据库界的标准语言"也不为过。在本书中，将会学习相关概念，以及如何与使用SQL的数据库管理系统进行对话。

SQL的优点与注意点

　　当今主流的关系数据库管理系统包括Microsoft SQL Server、Oracle、MySQL、PostgreSQL等多个种类，而这些数据库全都支持SQL，因此只要学会了SQL就至少可以完成最基本的操作。同样，利用SQL编写的程序（存储过程）也能够在大多数的关系数据库管理系统中运行。这也是SQL的一大优点。

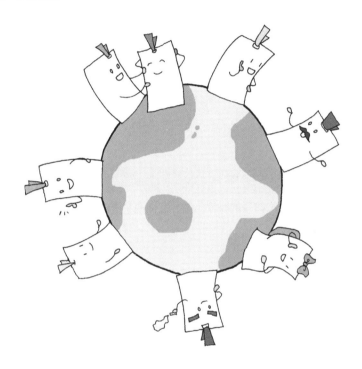

　　但是，就像日语也会因为地域的不同而出现独特的语言（方言）一样，SQL也会根据关系数据库管理系统的不同而存在各自的特别规则。所以在学习SQL的时候，确认所学内容是标准语言还是当前关系数据库管理系统的方言，也是非常重要的事情。

编写SQL时的规则

在编写SQL时，需要遵守以下规则。

①使用半角输入状态进行编写

除了注释以及' '（单引号）之内可以使用全角字符外，其他任何场合使用全角进行编写均会导致错误出现。

②注意全角空格的使用

在注释及' '（单引号）以外的情况使用全角空格会报错，一定要多加注意，因为这个问题很难被发现（译注：中文输入法中空格默认为全角）。

③使用""'""来表示"'"

想要在字符串中加入'符号的时候，需要写作两个连续的'符号。

编写　　　　　　　　　　　　　　　　　　　显示
```
'Win''s'
```
　　　　　　　　　　　　　　　　　　　　`Win's`

④注释夹在 /* 和 */ 之中

不希望反映到程序中的说明性内容可以写在/* */之中。

⑤注意保留字

保留字是SQL中具有特别含义的关键字，想要用作表名或列名时，需要用[]包括起来（关于哪些为保留字，请参考附录的保留字一览表）。

1

数据库介绍

 ## 依靠文件管理数据

　　伴随着计算机的普及，越来越多的原本由纸张记载的信息，逐渐转移到计算机中进行保管与使用。首先出现的是利用文件对信息进行管理的方法。想必大家对文件都不陌生吧，就是应用程序用来保存数据的那个"文件"。

　　这里稍微考虑一下依靠文件管理数据的具体情况吧！比如，在公司通过文件管理数据的情形中，每个部门都持有各自不同的信息，各部门也都根据所需数据的种类以及使用方法，选择了最易于使用的应用程序。当然，所有部门都选用相同的应用程序是做不到的，因此会出现不同的文件格式以及对应数据的管理方法，导致部门之间数据的共享很困难。就算是都拥有相同数据，也要对每个部门的文件同时进行更新维护，这不仅要花费大量的人力、物力，甚至还可能会出现输入错误或是更新缺失，导致数据的可信度出现危机。

依靠数据库管理数据

　　这里就轮到**数据库**出场了。下一页将会对数据库进行详细的说明，因此这里就不深入探讨了。从结果来说，使用数据库对数据进行集中管理，即使通过远程控制也能进行数据的共享与利用。并且，由于应用程序与数据库在构造上是分离的，所以不必像使用文件时那样在意保存格式等问题。

　　像"在开始学习SQL之前"中介绍的那样，数据库有多种类型。其中最常被人使用的是**关系数据库**，而操作关系数据库中的数据时则需要SQL语言。SQL是编程语言中的一种，与让人感觉难以理解的C语言不同，其构造相当简单。下面就让我们赶紧来看看便利的SQL到底是什么样子的吧！

1
数据库
介绍

2
SQL
基础

3
运算符

4
函数

5
基本的
数据操作

6
复杂的
数据操作

7
保护数据的
机制

8
与程序协作

9
附录

数据库是什么

对数据进行整理归纳让其更加易于使用，才是数据库的作用。
并不能认为数据库就是"简单地把数据集中起来"。

数据库

在计算机的世界中，软件会调用数据库（DB）。将零碎分散的数据集中到数据库之后，软件就能够简单轻松地获取所需数据。

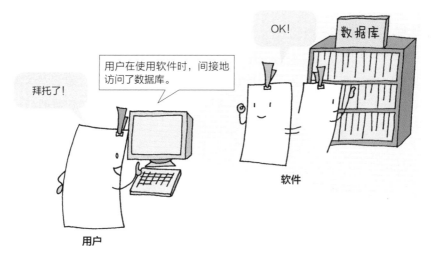

另外，存入数据库的数据会一直保存下去，所以就算暂时关闭了软件，之后也能再次使用。

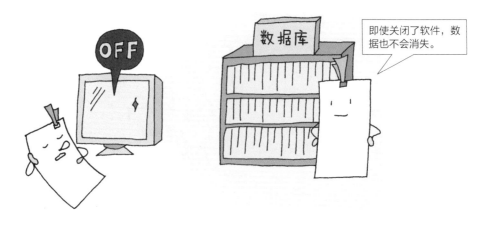

🔓 数据库管理系统

数据库是由名为**数据库管理系统**（DBMS：DataBase Management System）的软件进行管理的。实际上，对数据进行整理、调用等操作都是DBMS的工作。用户的操作将会以下图的流程到达数据库。

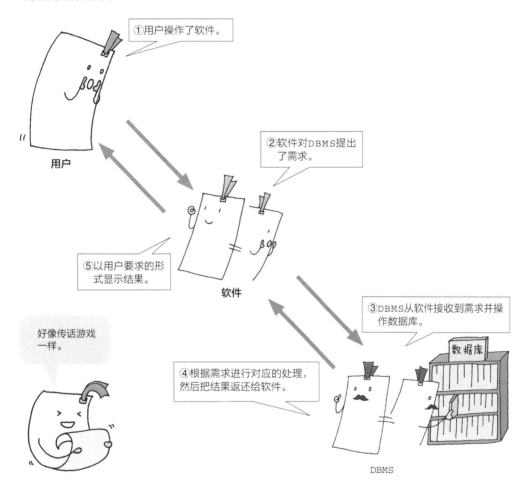

①用户操作了软件。

用户

②软件对DBMS提出了需求。

⑤以用户要求的形式显示结果。

软件

好像传话游戏一样。

③DBMS从软件接收到需求并操作数据库。

数据库

④根据需求进行对应的处理，然后把结果返还给软件。

DBMS

DBMS主要有以下功能。

数据的插入、更新、删除
数据的排序、查询
数据的共享（由多个软件共享数据）

1 数据库介绍

2 SQL基础

3 运算符

4 函数

5 基本的数据操作

6 复杂的数据操作

7 保护数据的机制

8 与程序协作

9 附录

关系数据库是什么（1）

数据库有多种类型，现在最常见的就是关系数据库。

关系数据库

关系数据库是通过**行**（row）与**列**（column）所构成的表形式来管理数据的，即称为**表**（table）。例如，通讯录表就是由姓名、邮政编码、住所等列，外加记录人员数量的行所构成的。

表
由列与行所组成的表格。

列名
并非实际的数据，为了便于用户理解而附加给列的名称。

不仅是计算机里，在别的地方也常见到这种格式呢。

姓名	邮政编码	住所
诗织	123-4567	东京都○○区△△ X-X-XX
小鬼	890-1234	神奈川县××市▲▲ X-X-XX
夏目	890-1234	神奈川县××市▲▲ X-X-XX
兰	890-1234	神奈川县××市▲▲ X-X-XX

行（row）
一行就代表着一条数据，也可以叫作记录。

列（column）
表示数据的属性，也可以叫作字段。

关系数据库拥有表之间进行关联（Relation）的运作机制。

感觉像是表之间连接在一起了。

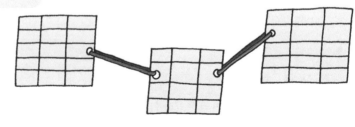

主键

所谓**主键**（PRIMARY KEY），是指表中用于标识某一行的列。比如，制作学生名册表时使用学号列作为主键，即使是同名同姓的人，也可以通过学号进行区分。在一张表格中只能设置唯一的一个主键。

没有设置主键的情况

姓名
诗织
〰〰〰〰
诗织

诗织
到
无法确定是哪一行。

设置了主键的情况

主键

学号	姓名
1	诗织
〰〰〰〰	
20	诗织

学号为20的同学
到

设置为主键的列中不可以出现重复的值，因此根据主键就可以确定是哪一行了。

给表设置主键之后，就可以像下面的例子这样很轻松地对表进行关联了。

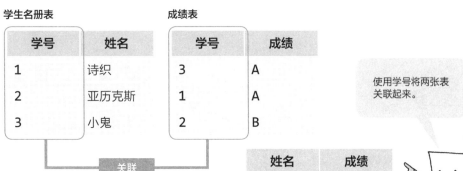

学生名册表

学号	姓名
1	诗织
2	亚历克斯
3	小鬼

成绩表

学号	成绩
3	A
1	A
2	B

关联

使用学号将两张表关联起来。

姓名	成绩
诗织	A
亚历克斯	B
小鬼	A

1 数据库介绍
2 SQL基础
3 运算符
4 函数
5 基本的数据操作
6 复杂的数据操作
7 保护数据的机制
8 与程序协作
9 附录

关系数据库是什么（2）

让我们再稍微多学习一些关系数据库的知识吧。

复合主键

虽然主键在一张表格中只能设置一个，但是可以把多个列组合到一起作为主键使用，这就是**复合主键**，在使用一列数据无法完成标识的时候会很好用。

仅用一列作为主键的话……

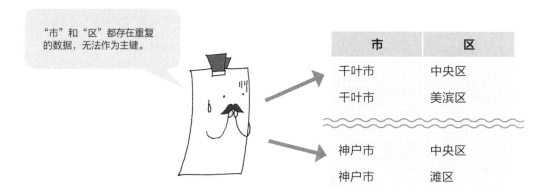

"市"和"区"都存在重复的数据，无法作为主键。

市	区
千叶市	中央区
千叶市	美滨区
神户市	中央区
神户市	滩区

"市"和"区"作为复合主键时

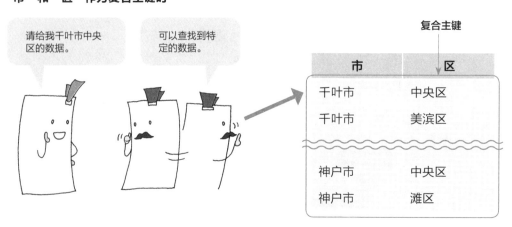

请给我千叶市中央区的数据。

可以查找到特定的数据。

复合主键

市	区
千叶市	中央区
千叶市	美滨区
神户市	中央区
神户市	滩区

🔓 视图

在现有表中仅提取需要的部分，抛弃原有的格式，作为虚拟的表进行展示的功能，就是**视图**。使用视图的时候，实际数据依然位于原来的表中，仅以希望的形式展现数据（详细说明请参考第6章的内容）。

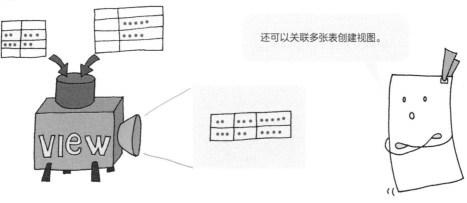

还可以关联多张表创建视图。

🔓 关系数据库管理系统

关系数据库是由名为**关系数据库管理系统**（RDBMS：Relational DataBase Management System）的软件进行管理的。

RDBMS是DBMS其中的一种。

具有代表性的RDBMS包括SQL Server、Oracle、MySQL、PostgreSQL等，Microsoft Office的Access也是RDBMS中的一员。

本书原则上会使用SQL Server作为前提条件进行解说，如果出现了因RDBMS而有所不同的语法，均会在文中说明。

1
数据库
介绍

2
SQL
基础

3
运算符

4
函数

5
基本的
数据操作

6
复杂的
数据操作

7
保护数据的
机制

8
与程序协作

9
附录

SQL是什么

关系数据库是通过SQL语句来操作数据的。

SQL

SQL（Structured Query Language）是操作关系数据库时用来命令RDBMS的语言。

类似SQL这种用于操作数据库的语言，就称为数据库语言。

查询

使用关系数据库时向RDBMS提出的请求称为**查询**（Query）。RDBMS接收到查询之后，完成指定的处理之后返回结果。查询里面包含的命令语句称作**SQL语句**。

SQL语句可以由用户直接写出来，也可以通过简单的操作由软件自动生成。

SQL能做到的事

使用SQL主要能够做到以下事情。

》获取数据

从关系数据库中提取特定的数据。

》操作数据（插入/删除/更新）

在已有表中插入新的数据，或是删除特定的数据，另外还可以更新已经存在的数据。

》创建数据库或表

可以创建新的数据库或者表。

1
数据库
介绍

2
SQL
基础

3
运算符

4
函数

5
基本的
数据操作

6
复杂的
数据操作

7
保护数据的
机制

8
与程序协作

9
附录

面向对象数据库

与表形式的RDB不同，每个数据都以不受约束的形式进行保存，就是**面向对象数据库**（OODB：Object Oriented DataBase）。管理该数据库的系统称为**面向对象数据库管理系统**（OODBMS：Object Oriented DataBase Management System）。

那么，"对象"又是什么呢？想必学过Java等面向对象编程语言的人应该会有所了解。面向对象编程，会将数据及其处理汇总提炼成"对象"，然后再考虑各个对象分别拥有什么样的功能，从而进行编程。就像"将许多具有各种功能的零件（对象）组合起来，制作出更大的东西（程序）"的感觉。

在面向对象数据库中，具体又会以什么形式保存数据呢？以自行车这样的事物为例，在保存到数据库时，RDB与OODB所使用的方法相比较，会出现下面的结果。

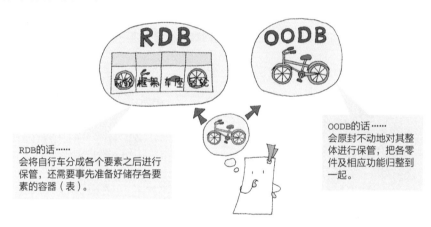

RDB的话……
会将自行车分成各个要素之后进行保管，还需要事先准备好储存各要素的容器（表）。

OODB的话……
会原封不动地对其整体进行保管，把各零件及相应功能归整到一起。

OODB在类似于SQL、名为OQL（Object Query Language）的语言进行标准化后，作为融入了该语言并能够实际使用的OODBMS，发布了Caché、Objectivity/DB、db4o等产品。它们通过如同面向对象语言中"类"对象设计图一样的方法来访问数据库，因此面向对象数据库的一个特点，就是和面向对象语言很类似。

2

SQL 基础

第2章 这部分 **是关键** key

来试试SQL吧

终于可以开始进行SQL的实际操作了，首先是创建数据库和表。

创建数据库和表的时候，需要使用名为**CREATE语句**的查询（Query）。从单词的含义来看，"CREATE = 创造"，是不是就很容易理解了。操作上要按照先创建数据库再创建表的顺序进行。

在创建表的时候，需要事先指定各列对应的**数据类型**。而数据类型则是用来表示这一列中输入的是数字还是字符串，数字的话是整数还是实数。另外，还可以设置**约束**的规则，以保证表中内容的正确性。

S 该如何操作数据？

接着介绍向表中添加数据的方法。添加数据用到的是**INSERT语句**，请注意，如果此时尝试添加的数据，其数据类型与列的数据类型不相符，就会出现错误。向表中添加数据之后，就可以使用**SELECT语句**把存进去的数据取出来。无论是INSERT（插入）还是SELECT（选择），根据英文单词的含义联想数据库的操作，很快就能熟悉了。

而SELECT语句在取出数据之后，还可以进行排序、分组以及去除重复内容等额外的操作。学会SELECT语句的基本用法之后，就可以钻研各种好点子来提高提取数据的效率，从而收获许许多多的乐趣。

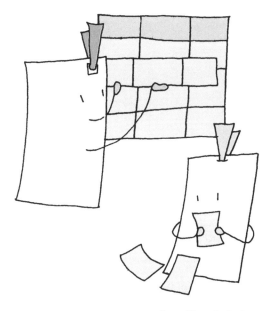

顺便一说，类似SQL这样能够操作数据库的语言统称为**数据库语言**，但是根据功能还可以进一步细分为**数据定义语言**（DDL：Data Definition Language）、**数据操纵语言**（DML：Data Manipulation Language）、**数据控制语言**（DCL：Data Control Language）三种。本章介绍的CREATE语句属于DDL，而SELECT、INSERT等语句则是DML，另外第7章中介绍的COMMIT和ROLLBACK归类在DCL中。

1 数据库介绍
2 SQL基础
3 运算符
4 函数
5 基本的数据操作
6 复杂的数据操作
7 保护数据的机制
8 与程序协作
9 附录

数据库与表的创建

终于到了实际操作的阶段，一起来尝试用SQL创建数据库和表吧。

数据库的创建

"数据储存在表内，而表又保存在数据库中"，由此可见，第一件要做的事情就是创建数据库。创建新数据库时使用的是**CREATE DATABASE**语句。

```
CREATE DATABASE db_book;
```

SQL 语句最后要以";（分号）"结尾。

半角空格　　　数据库名

SQL语句中不区分大小写。

首先要确保放置表的场所——数据库。

选择数据库

RDBMS在连接之后会自动选择默认的数据库（不同的RDBMS可能会有所不同）。因此，想要在SQL Server中使用新创建的数据库，需要通过**USE**来进行选择。

```
USE db_book;
```

数据库名

如果不选择对应数据库，就无法使用其中的数据。

表的创建

创建新表时会使用**CREATE TABLE**语句。比如，想要制作一张名为tbl_book的表，并且其中包含code、title、price列时，可以用下文的方式进行定义。

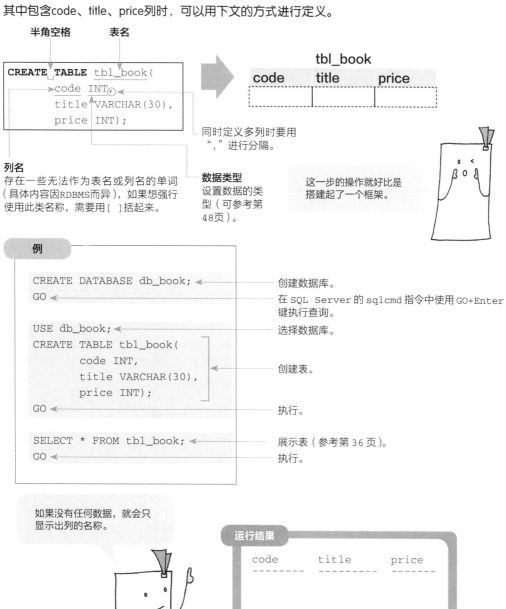

半角空格　　　表名

```
CREATE TABLE tbl_book(
    code INT,
    title VARCHAR(30),
    price INT);
```

列名
存在一些无法作为表名或列名的单词（具体内容因RDBMS而异），如果想强行使用此类名称，需要用[ ]括起来。

数据类型
设置数据的类型（可参考第48页）。

同时定义多列时要用"，"进行分隔。

这一步的操作就好比是搭建起了一个框架。

tbl_book

code	title	price

例

```
CREATE DATABASE db_book;
GO

USE db_book;
CREATE TABLE tbl_book(
        code INT,
        title VARCHAR(30),
        price INT);
GO

SELECT * FROM tbl_book;
GO
```

创建数据库。

在 SQL Server 的 sqlcmd 指令中使用 GO+Enter 键执行查询。

选择数据库。

创建表。

执行。

展示表（参考第36页）。

执行。

如果没有任何数据，就会只显示出列的名称。

运行结果

```
code        title        price
--------    ---------    -------
```

1 数据库介绍

2 SQL基础

3 运算符

4 函数

5 基本的数据操作

6 复杂的数据操作

7 保护数据的机制

8 与程序协作

9 附录

表约束

表就像是一个用于存放数据的"模型",因此可以事先给"模型"设置
一些规则。

约束

约束是用来保证存入的数据能够一直保持正确状态的条件。创建表时设置好约束,就可
以对数据的输入进行控制。

从作用范围来说约束可分为两种,一种是设置在单列上的**列级约束**,另一种是同时作用
于多个列的**表级约束**,而复合主键则属于后者。

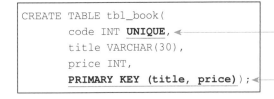

```
CREATE TABLE tbl_book(
    code INT UNIQUE,
    title VARCHAR(30),
    price INT,
    PRIMARY KEY (title, price));
```

列级约束
写在数据类型之后,以半角空格
进行分隔。

表级约束
写在所有列的定义之后。在这里定义复合
主键时,就会类似于此处的"PRIMARY
KEY (列名, 列名)"。

想要在一列上设置多个约束,只要在多个约束之间用半角空格分隔开就好。

```
code INT UNIQUE NOT NULL
```

半角空格

重要的约束种类

约束主要包含以下几种。

约束	功能
PRIMARY KEY （主键）	·禁止数据的重复 ·禁止NULL值
UNIQUE	·数据具有唯一性
CHECK （条件表达式）	·预先准备好表达式， 禁止与之不符的数据
NOT NULL	·禁止NULL值
DEFAULT=值	·预先设置的值将会作为默认值

没有输入值的状态，将会表示为NULL。

例

```
USE db_book;              ←—— 选择数据库。
CREATE TABLE tbl_height(
      id INT PRIMARY KEY,  ←—— 将id列设置为主键。
      name VARCHAR(20),
      height FLOAT);
GO                        ←—— 执行。
```

虽然没有显示任何结果，但是可以想象到，创建出来的是类似这样的一张表。

tbl_height

id	name	height

1 数据库介绍

2 SQL基础

3 运算符

4 函数

5 基本的数据操作

6 复杂的数据操作

7 保护数据的机制

8 与程序协作

9 附录

添加数据

向创建好的表中添加数据吧!

 添加数据

向表中添加数据时使用的是**INSERT语句**,需要添加数据的目的表则跟在**INTO**之后。

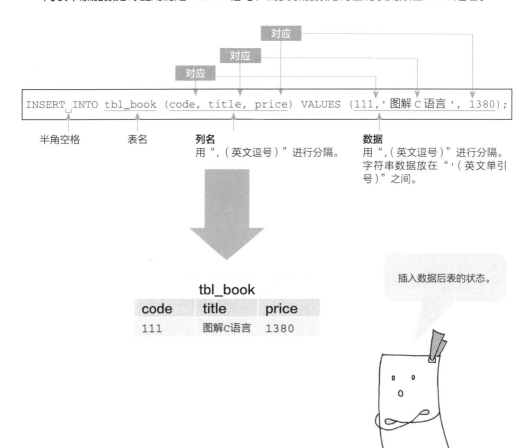

```
INSERT INTO tbl_book (code, title, price) VALUES (111,'图解C语言', 1380);
```

半角空格   表名   **列名**   **数据**
                               用",(英文逗号)"进行分隔。   用",(英文逗号)"进行分隔。
                                                                    字符串数据放在"'(英文单引
                                                                    号)"之间。

tbl_book

code	title	price
111	图解C语言	1380

插入数据后表的状态。

将下文中的INSERT语句全部键入之后再执行，就可以一次添加多行数据。

```
INSERT INTO tbl_book (code, title, price) VALUES (111, '图解 C 语言 ', 1380);
INSERT INTO tbl_book (code, title, price) VALUES (112, '图解 Java' , 1580);
INSERT INTO tbl_book (code, title, price) VALUES (113, '图解算法 ', 1680);
INSERT INTO tbl_book (code, title, price) VALUES (114, '图解 TCP/IP', 1680);
GO
```

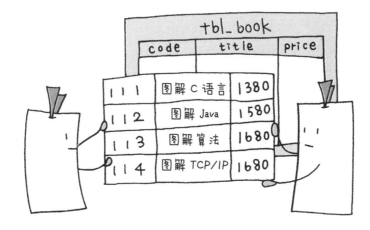

1
数据库
介绍

2
SQL
基础

3
运算符

4
函数

5
基本的
数据操作

6
复杂的
数据操作

7
保护数据的
机制

8
与程序协作

9
附录

获取数据

下面将介绍如何从表中提取之前添加的数据，检索数据也称为"查询"。

获取全部的数据

从表中获取已有数据时使用的是**SELECT语句**，而"从哪张表中获取"则由**FROM语句**指定。这里先介绍提取表中全部行列的方法。

FROM语句
在FROM之后指定表名。

```
SELECT * FROM tbl_book;
```

"*（星号）"表示提取   表名
全部的列。

"`SELECT 列名`"以及
"`FROM 表名`"等组成
SQL语句的元素被称为
"子句"。

试着向第33页创建的表中添加数据，然后再将其提取出来。

数据库
介绍

例

选择tbl_height表所在的数据库。

```
USE db_book;
INSERT INTO tbl_height (id, name, height) VALUES (1, '相泽', 149.5);
INSERT INTO tbl_height (id, name, height) VALUES (2, '山本', 172);
INSERT INTO tbl_height (id, name, height) VALUES (3, '泽口', 168);
INSERT INTO tbl_height (id, name, height) VALUES (4, '小林', 149.5);
SELECT * FROM tbl_height;
GO
```

tbl_height

id	name	height
1	相泽	149.5
2	山本	172
3	泽口	168
4	小林	149.5

完成第33页的示例并创建
tbl_height之后，才可
以执行这个示例哦。

id	name	height
1	相泽	149.5
2	山本	172
3	泽口	168
4	小林	149.5

运行结果

```
id       name           height
-------- -------------- -------
       1 相泽               149.5
       2 山本               172.0
       3 泽口               168.0
       4 小林               149.5
```

1 数据库 介绍

2 SQL 基础

3 运算符

4 函数

5 基本的 数据操作

6 复杂的 数据操作

7 保护数据的 机制

8 与程序协作

9 附录

查询指定的列

可以只从表中提取指定的列。

 仅查询一列

从表中获取数据时，可以仅提取指定的列，此时可以用下文所述的方式进行查询。

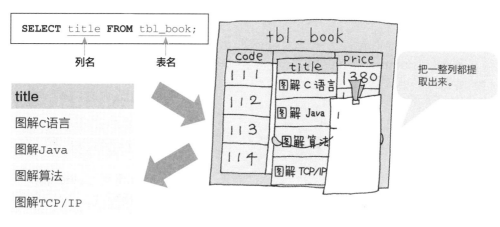

```
SELECT title FROM tbl_book;
```
列名   表名

title

图解C语言

图解Java

图解算法

图解TCP/IP

把一整列都提取出来。

例

执行过第37页的示例之后再进行本示例的操作。

```
USE db_book;  ◄── 选择tbl_height表所在的数据库。
SELECT name FROM tbl_height;
GO
```

运行结果

```
name
--------
相泽
山本
泽口
小林
```

查询多列

想要一次获取多列，列举的时候用"，（英文逗号）"进行分隔。

 会依照这里的顺序显示。

```
SELECT title, price FROM tbl_book;
```

列名

title	price
图解C语言	1380
图解Java	1580
图解算法	1680
图解TCP/IP	1680

可以仅提取必要的内容。

例

执行过第37页的示例之后再执行本示例的操作。

```
USE db_book;
SELECT id, height FROM tbl_height;
GO
```

试着改变指定的列名以及前后排序，查看各种情况下的结果。

运行结果

```
id       height
------   ----------
     1       149.5
     2       172.0
     3       168.0
     4       149.5
```

1 数据库介绍

2 SQL基础

3 运算符

4 函数

5 基本的数据操作

6 复杂的数据操作

7 保护数据的机制

8 与程序协作

9 附录

指定条件后进行查询

使用WHERE子句可以仅提取符合条件的数据。

WHERE子句

只想提取符合特定条件的数据时使用WHERE子句。

WHERE子句
在WHERE之后指定条件表达式。

```
SELECT * FROM tbl_address WHERE zip_code = '170-0000';
```

条件表达式

tbl_address

name	zip_code	address
相泽	170-0000	东京都丰岛区……
山本	690-0000	岛根县松江市……
泽口	170-0000	东京都丰岛区……
小林	943-0000	新潟县上越市……

WHERE

name	zip_code	address
相泽	170-0000	东京都丰岛区……
泽口	170-0000	东京都丰岛区……

从tbl_address表中提取
zip_code列为170-0000
的数据。

例

```
USE db_book;
CREATE TABLE tbl_exam (
        id INT PRIMARY KEY,
        name VARCHAR(20),
        score1 INT,
        score2 INT);
GO
INSERT INTO tbl_exam (id, name, score1, score2) VALUES (1, '相泽', 100, 98);
INSERT INTO tbl_exam (id, name, score1, score2) VALUES (2, '山本', 75, 80);
INSERT INTO tbl_exam (id, name, score1, score2) VALUES (3, '泽口', 70, 93);
INSERT INTO tbl_exam (id, name, score1, score2) VALUES (4, '小林', 54, 65);
GO
SELECT name FROM tbl_exam WHERE id = 3;
GO
```

运行结果

```
name
--------
泽口
```

将符合条件的数据排序后取出

WHERE子句和ORDER BY子句组合起来使用，可以达到以下效果。

```
SELECT * FROM tbl_exam WHERE score2 >= 90 ORDER BY id DESC;
```

tbl_exam

id	name	score1	score2
1	相泽	100	98
2	山本	75	80
3	泽口	70	93
4	小林	54	65

从tbl_exam表中获取score2列大于等于90的数据，并按照id降序排列。

id	name	score1	score2
3	泽口	70	93
1	相泽	100	98

按照id
降序排列。

例

```
USE db_book;
SELECT * FROM tbl_exam
    WHERE score1 = 100;
SELECT * FROM tbl_exam
    WHERE score2 >= 80 ORDER BY score2 DESC;
GO
```

①查询score1为100的人。

②查询score2大于等于80的人，并按照分数降序排列。

运行结果

```
id      name        score1    score2
-----   ---------   --------  --------
    1   相泽             100        98

id      name        score1    score2
-----   ---------   --------  --------
    1   相泽             100        98
    3   泽口              70        93
    2   山本              75        80
```

◄ ①的结果

◄ ②的结果

1 数据库 介绍

2 SQL 基础

3 运算符

4 函数

5 基本的 数据操作

6 复杂的 数据操作

7 保护数据的 机制

8 与程序协作

9 附录

指定数量后进行查询

查询时指定数量的方法因RDBMS而有所不同。

SQL Server中的指定方法

使用**TOP子句**可以指定从前往后提取的行数。

```
SELECT TOP (10) id FROM tbl_a ORDER BY id;
```

TOP子句

提取的行数

指定获取的结果量时,可以使用百分比代替行数。

```
SELECT TOP (20) PERCENT id FROM tbl_a ORDER BY id;
```

Oracle中的指定方法

使用**ROWNUM伪列**可以指定提取哪些行。伪列是在实际表中并不存在的列,但可以像已存在的列那样能够进行查询操作。

```
SELECT * FROM tbl_a WHERE ROWNUM <= 10;
```

还可以像下面这样指定。

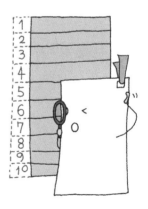

```
SELECT * FROM tbl_a
    WHERE ROWNUM BETWEEN 2 AND 4;
```

起始行   结束行

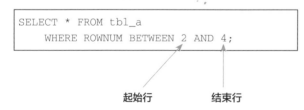

MySQL和PostgreSQL中的指定方法

　　获取查询结果中的部分内容时，MySQL中使用**LIMIT子句**，而PostgreSQL中则使用**LIMIT子句和OFFSET子句**。在ORDER BY子句之后以下述方式使用。

MySQL

```
SELECT * FROM tbl_a ORDER BY key LIMIT 0, 10;
```

起始行　　返回行数

PostgreSQL

```
SELECT * FROM tbl_a ORDER BY key OFFSET 0 LIMIT 10;
```

指定了"起始与结束"的范围。

1
数据库
介绍

2
SQL
基础

3
运算符

4
函数

5
基本的
数据操作

6
复杂的
数据操作

7
保护数据的
机制

8
与程序协作

9
附录

数据的排序

通过SELECT查询到的数据，并不一定会按照用户希望的顺序排列，下面介绍排序的方法。

ORDER BY子句

ORDER BY子句是SELECT语句可以使用的选项之一。通过ORDER BY子句能够以指定的列为基准对数据进行排序。

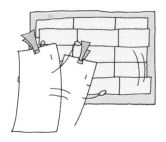

》升序排列

升序排列的写法如下。

```
SELECT * FROM tbl_book ORDER BY price ASC;
```

半角空格　　　列名　　ASCEND 的缩写，意
思为升序。该参数
可省略不写。

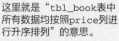

这里就是"tbl_book表中所有数据均按照price列进行升序排列"的意思。

》降序排列

降序排列的写法如下。

```
SELECT * FROM tbl_book ORDER BY price DESC;
```

列名　　DESCEND 的缩写，
意思为降序。

这里则是"tbl_book表中所有数据均按照price列进行降序排列"的意思。

复杂的排序

如果指定了多列作为排序的基准，就能够以更加详细的条件进行排序。

列举时用"，（英文逗号）"进行间隔。

```
SELECT * FROM tbl_book ORDER BY price, code;
```

列名

首先以price列为基准进行升序排列，如果值相同的话，再按照code列进行升序排列。

例

执行过第37页的示例之后再执行本示例的操作。

```
USE db_book;
SELECT * FROM tbl_height ORDER BY height DESC, id DESC;  ①
SELECT * FROM tbl_height ORDER BY height DESC, id ASC;   ②
GO
```

运行结果

id	name	height	①
2	山本	172.0	
3	泽口	168.0	
4	小林	149.5	
1	相泽	149.5	

id	name	height	②
2	山本	172.0	
3	泽口	168.0	
1	相泽	149.5	
4	小林	149.5	

注意height列数值相同的两项数据之间的先后顺序。

1
数据库介绍

2
SQL基础

3
运算符

4
函数

5
基本的数据操作

6
复杂的数据操作

7
保护数据的机制

8
与程序协作

9
附录

其他选项

这里会介绍一些其他的选项，包括GROUP BY子句、DISTINCT子句，以及AS运算符。

对数据进行分组

使用**GROUP BY子句**之后，指定的列中拥有相同数据的行，将会分组合并到一行之中。要与聚合函数（第90页）一起使用。

```
SELECT price, COUNT(title) FROM tbl_book GROUP BY price;
```

COUNT( )函数
聚合函数之一，会统计()所指定的列中各数据存在的行数。

半角空格

分组合并的列名
该列中数据相同的行将会合并为一行。

tbl_book

code	title	price
111	图解C语言	1380
112	图解Java	1580
113	图解算法	1680
114	图解TCP/IP	1680

分组合并

price	COUNT(title)
1380	1
1580	1
1680	2

对数据进行合计时会非常方便。

去除重复的数据

DISTINCT子句可以把指定列中数据重复的部分去除掉，指定多个列的时候，在列名之间用"，（英文逗号）"进行间隔。

```
SELECT DISTINCT title FROM tbl_book;
```

列名

有两项"图解C语言"，所以去掉了一项。

title
图解C语言
图解Java
图解算法
图解TCP/IP
图解C语言

title
图解C语言
图解Java
图解算法
图解TCP/IP

改变显示的列名

利用**AS运算符**可以把现有列名变成其他名称，但是生效的位置只是显示的名称，并不会更改表中原来的列名。

```
SELECT code AS bookcode FROM tbl_book;
```
更改后的列名

把列名code改成了bookcode。

就像是添加昵称一样。

例

执行过第37页的示例之后再执行本示例。

```
USE db_book;
SELECT DISTINCT height AS stature FROM tbl_height;
GO
```

不仅去掉了重复的内容，还改变了显示的列名。

运行结果

```
stature  ◄
----------
 149.5
 168.0
 172.0
```

height 变成了 stature。

1
数据库
介绍

2
SQL
基础

3
运算符

4
函数

5
基本的
数据操作

6
复杂的
数据操作

7
保护数据的
机制

8
与程序协作

9
附录

数据类型（1）

这里将会介绍SQL99标准中重要的数据类型，但是在不同RDBMS中，名称及含义都会稍微有所不同，请多注意！

整数型

整数型是处理整数时使用的数据类型，重要的整数型见下表。

数据类型（SQL99）	可处理数据	使用方法（SQL Server）
INTEGER	整数	INT
SMALLINT	比INTEGER范围还小的整数	SMALLINT

只能把指定类型的数据存进去。

实数型

实数型是处理带有小数点的数值时使用的数据类型，重要的实数型数据见下表。

数据类型（SQL99）	可处理数据	使用方法（SQL Server）
DECIMAL 【(m【，n】)】[1]	用户可以决定数值的精度，其中m表示总位数，而n表示小数点以后的位数	DECIMAL 【(m【，n】)】[1]
NUMERIC 【(m【，n】)】[1]	用户可以决定数值的精度，其中m表示总位数，而n表示小数点以后的位数	NUMERIC 【(m【，n】)】[1]
REAL	单精度浮点数	REAL
FLOAT 【(n)】[2]	浮点数	FLOAT 【(n)】[2]
DOUBLE PRECISION	双精度浮点数	FLOAT(53)

[1]：【 】中的内容可以省略。如果省略了，小数点之后的部分会四舍五入。
[2]：n <= 53。如果 n <= 24，则与 REAL 相同。【 】中的内容可以省略。

字符串型

字符串型是处理字符串时使用的数据类型，重要的字符串型数据见下表。

数据类型（SQL99）	可处理数据	使用方法（SQL Server）
CHARACTER 【(n)】[3]	长度固定的字符串（n字节内）	CHAR 【(n)】[3]
CHARACTER VARYING(n)[3]	长度可变的字符串（n字节内）	VARCHAR(n)[3]
CHARACTER LARGE OBJECT	文本类的大量字符串	TEXT
NATIONAL CHARACTER 【(n)】[4]	长度固定的UNICODE字符串（n字节内）	NCHAR 【(n)】[4]
NATIONAL CHARACTER VARYING(n)[4]	长度可变的UNICODE字符串（n字节内）	NVARCHAR(n)[4]
NATIONAL CHARACTER LARGE OBJECT	文本类的大量UNICODE字符	NTEXT

[3]：n <= 8000，【 】中的内容可以省略，这种情况下 n = 1。
[4]：n <= 4000，【 】中的内容可以省略，这种情况下 n = 1。

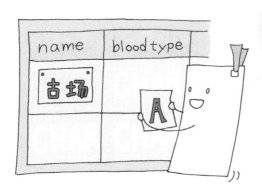

无论是0个字符还是1个字符，都会作为字符串来处理。

1
数据库
介绍

2
SQL
基础

3
运算符

4
函数

5
基本的
数据操作

6
复杂的
数据操作

7
保护数据的
机制

8
与程序协作

9
附录

数据类型（2）

继续介绍SQL99标准中的数据类型。

日期和时间类型

在处理日期和时间的数据类型时，包含下表的种类。

数据类型（SQL99）	可处理数据	SQL Server中的数据类型
DATE	日期（YYYY-MM-DD）	DATE
TIME	时间（HH:MM:SS）	TIME
TIMESTAMP	自动更新的日期和时间 （YYYY-MM-DD HH:MM:SS）	SMALLDATETIME DATETIME（到毫秒） DATETIME2（到纳秒）
INTERVAL	日期或时间之间的间隔	不使用

> SQL Server的TIMESTAMP数据类型是用于数据版本的内部管理，与SQL99中的用途并不相同。

逻辑型（布尔型）

逻辑型是处理真假判断的数据类型，包含下表的种类。

数据类型（SQL99）	可处理数据	SQL Server中的数据类型
BOOLEAN	TRUE（真）、FALSE（假）、 UNKNOW（未知）其中之一	BOOLEAN

二进制型

类似图像数据、声音数据这种无法用文本或数值来表示的数据，称为二进制数据。二进制的数据类型毫无疑问是用来处理二进制数据的。

数据类型（SQL99）	可处理数据	SQL Server中的数据类型
BIT(n)	长度固定的bit列 （上限为n bit）	BIT（1bit） BINARY
BIT VARYING 【(n)】※1	长度可变的bit列 （上限为n bit）	VARBINARY
BINARY LARGE OBJECT	二进制数据	VARBINARY

※1：【 】中的内容可以省略，此时该数据类型会变为"无限长的bit列"。

≫比特（bit）与字节（byte）

计算机处理的信息全部是由通电状态（1）以及断电状态（0）来表示的，储存1或0信息的最小单位称为bit（比特），而8个bit组合到一起就是1字节（byte）。

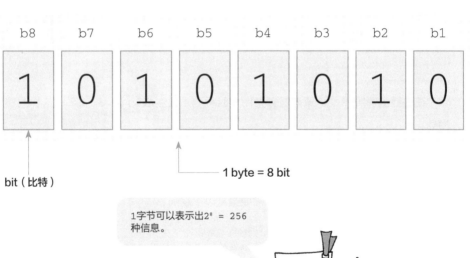

b8	b7	b6	b5	b4	b3	b2	b1
1	0	1	0	1	0	1	0

bit（比特）

1 byte = 8 bit

1字节可以表示出$2^8 = 256$种信息。

1 数据库介绍

2 SQL基础

3 运算符

4 函数

5 基本的数据操作

6 复杂的数据操作

7 保护数据的机制

8 与程序协作

9 附录

IDENTITY

SQL Server中如果给列添加IDENTITY（ID值）属性，那么该列将会具有自动分配序列号的功能。比如，会计票据上都有一个连续的票据编号，如果每个编号都依靠手动输入，不仅非常麻烦，而且很容易出现错误。在这种情况下，使用IDENTITY就可以减轻输入时的烦琐程度。

设置IDENTITY需要在创建表时以下述方式定义在列上。

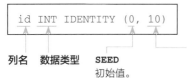

列名　**数据类型**　**SEED**　**INCREMENT**
初始值。　增加时用的增量值。

在这个例子中，存入id列的第一个数据会是0，接着会像10、20、30……这样自动产生序列。另外，也可以省略掉( )中的部分。

```
id INT IDENTITY
```

在省略的情况下，结果与设置为(1, 1)时相同，会生成1、2、3、4……这样的编号序列。

可以设置IDENTITY的数据类型有以下几种。

`INT`、`SMALLINT`、`TINYINT`、`BIGINT`、`DECIMAL`、`NUMERIC`

同时，在使用IDENTITY的时候，需要遵从以下规则。

·每张表中只能给一列设置IDENTITY属性；
·设置了IDENTITY的列不可以输入NULL值；
·IDENTITY与DEFAULT（参见第33页）不可以同时设置。

通常来说，设置了IDENTITY属性的列，用户是不能随意自行输入编号的。虽然通过SET指令把IDENTITY_INSERT设置为ON之后可以手动输入编号，但是这样可能会导致列中出现重复的编号，不推荐这种做法。

类似于IDENTITY这样的功能，在Oracle中有SEQUENCE对象，而PostgreSQL中则有SERIAL类型。

3

运算符

各种各样的运算符

本章将学习**运算符**的相关知识。比如平时在计算时会用到的"+"或"–"运算符，被称为**算术运算符**。但是，从键盘上没有"÷"就可以看出来，计算机中的运算符与数学中使用的符号并不完全相同，这一点需要多加注意。

除了用于计算的运算符，还有在进行比较时使用的**比较运算符**，以及条件判断时用到的**逻辑运算符**等。另外，还有将比较运算符与逻辑运算符组合运用的示例，以及处理字符串的运算符等的介绍，都很值得阅读学习。

SQL特有的运算符

也有一些运算符是只有SQL中才有的。比如，将字符串连起来的运算符、进行模糊比较的运算符、判断值是否在某个范围或集合中的运算符等。

本章介绍的运算符，大部分会在SELECT与WHERE语句中设置数据的获取条件时使用。运用各种各样的运算符组合出不同的条件表达式，会有种解密的感觉。试着代入数据之后查看计算结果，收获与数据库对话的快乐吧！

1
数据库
介绍

2
SQL
基础

3
运算符

4
函数

5
基本的
数据操作

6
复杂的
数据操作

7
保护数据的
机制

8
与程序协作

9
附录

本章使用的表

本章示例使用了下面这些表，请根据需要创建相应的表。

tbl_exam

```
USE db_book;
CREATE TABLE tbl_exam (  ◄──── 创建表。
        id INT PRIMARY KEY,
        name VARCHAR(20),
        score_literature INT,
        score_English INT);
INSERT INTO tbl_exam (id, name, score_literature, score_English)
        VALUES (1, '相泽', 100, 98);
INSERT INTO tbl_exam (id, name, score_literature, score_English)
        VALUES (2, '山本', 75, 80);
INSERT INTO tbl_exam (id, name, score_literature, score_English)
        VALUES (3, '泽口', 70, 93);
INSERT INTO tbl_exam (id, name, score_literature, score_English)
        VALUES (4, '小林', 54, 65);
```

添加数据。

tbl_stdlist

```
USE db_book;
CREATE TABLE tbl_stdlist (
        id INT PRIMARY KEY,
        familyname VARCHAR(10),
        firstname VARCHAR(10)
);
INSERT INTO tbl_stdlist (id, familyname, firstname)
        VALUES (1, '相泽',  '奈美子');
INSERT INTO tbl_stdlist (id, familyname, firstname)
        VALUES (2, '山本', '太月');
INSERT INTO tbl_stdlist (id, familyname, firstname)
        VALUES (3, '泽口', '映');
INSERT INTO tbl_stdlist (id, familyname, firstname)
        VALUES (4, '小林',  '麻衣子');
```

tbl_bookprice

```
USE db_book;
CREATE TABLE tbl_bookprice (
        code INT PRIMARY KEY,
        title VARCHAR(30),
        price INT);
INSERT INTO tbl_bookprice (code, title, price)
            VALUES (1, '图解C语言', 1380);
INSERT INTO tbl_bookprice (code, title, price)
            VALUES (2, '图解Java', 1580);
INSERT INTO tbl_bookprice (code, title)
            VALUES (3, '图解SQL');
```

算术运算符

在SQL语句中进行数值计算时会使用算术运算符。

计算数值时使用的运算符

下表列出了部分SQL中用于数值计算的运算符。

运算符	功能	使用方式	含义
+（加号）	+（加法）	a + b	a和b相加
–（减号）	–（减法）	a – b	a减去b
*（星号）	×（乘法）	a * b	a和b相乘
/（斜线号）	÷（除法）	a / b	a除以b
%（百分号）	…（求余）	a % b	a除以b后的余数

※Oracle 中使用 MOD() 函数代替 a % b，写作 MOD(a, b)。

>> **使用方法**

使用算术运算符时，将数值和列名以下述方式与运算符组合起来。

price 列的值乘以 0.05

```
price * 0.05
```

total 列的值除以 number 列的值

```
total / number
```

参考第56页
创建的tbl_exam表。

例

```
USE db_book;
SELECT name, (score_literature + score_English) AS sum FROM tbl_exam;
GO
```

像这样在中间加上()之后，
可以让语句更容易阅读。

运行结果

```
name        sum
-------   ---------
相泽           198
山本           155
泽口           163
小林           119
```

≫设置计算的优先级

数学中有"算式中( )里的部分优先计算"的规则，这在SQL的算术运算符中同样适用。

total 列的值与 number 列的值相除的结果乘以 0.05

```
(total / number) * 0.05
```

如果没有( )，含义就会改变哦！

参考第56页
创建的tbl_exam表。

例

```
USE db_book;
SELECT name, (score_literature + score_English) / 2 AS average
       FROM tbl_exam ORDER BY average DESC;
GO
```

计算两门课成绩的平均值，然后按照平均值进行降序排列。

运行结果

name	average
相泽	99
泽口	81
山本	77
小林	59

1 数据库介绍

2 SQL 基础

3 运算符

4 函数

5 基本的数据操作

6 复杂的数据操作

7 保护数据的机制

8 与程序协作

9 附录

比较运算符

一起来看看在条件表达式中使用的比较运算符吧！

比较运算符

在WHERE子句中加入值或数值之间进行比较的条件表达式，会改变语句的处理方式。这里使用的运算符就是**比较运算符**。条件成立时，表达式返回的运算结果为"TRUE（真）"，反之结果则为"FALSE（假）"。

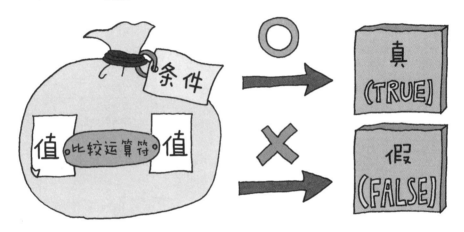

下表中列出了部分比较运算符。

运算符	使用方法	含义
=	a = b	a和b相等
<	a < b	a小于b
<=	a <= b	a小于等于b
>	a > b	a大于b
>=	a >= b	a大于等于b
<>	a <> b	a不等于b
!=	a != b	

像<=这种把两个符号合在一起使用的运算符，千万不要在中间加空格哦！

条件表达式的计算

条件表达式的计算结果有TRUE（真）和FALSE（假）两种。使用WHERE子句，就可以把条件表达式的计算结果为FALSE的数据排除掉，仅提取结果为TRUE的数据。

只拿出TRUE的数据就好。

例

> 参考第56页
> 创建的tbl_exam表。

```
USE db_book;
SELECT id, name, score_English FROM tbl_exam WHERE score_English > 90; ①
SELECT id, name, score_literature FROM tbl_exam WHERE name = '相泽'; ②
GO
```

条件表达式中的字符串也必须用
"（英文单引号）"围起来。

运行结果

```
id          name       score_English    ①
---------   --------   ----------------
        1   相泽                     98
        3   泽口                     93

id          name       score_literature ②
---------   --------   ----------------
        1   相泽                    100
```

1 数据库介绍
2 SQL 基础
3 运算符
4 函数
5 基本的数据操作
6 复杂的数据操作
7 保护数据的机制
8 与程序协作
9 附录

# 逻辑运算符

为了将多个条件表达式合起来组成更复杂的条件表达式，需要使用逻辑运算符。

 ## 逻辑运算符

使用**逻辑运算符**，可以把多个条件组合起来，形成更加复杂的条件。

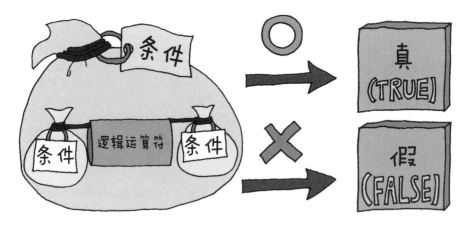

逻辑运算符包含以下三种。

运算符	功能	使用方法	含义
AND	与	(a >= 10) AND (a <= 20)	a大于等于10且小于等于20
OR	或	(a = 5) OR (a = 10)	a等于5或10
NOT	非	NOT (a = 200)	a不是200

下方的图示中展现了 a 和 b 之间逻辑运算的结果。

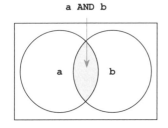

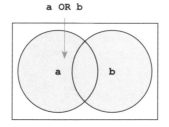

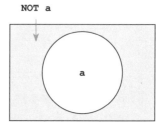

复杂的条件表达式

接下来，请使用比较运算符和逻辑运算符，组合出更加复杂的条件表达式吧。

a 大于等于 60 且小于等于 80

```
(a >= 60) AND (a <= 80)
```

不可以写成60 <= a <= 80哦。

b 不等于 1 也不等于 5

```
NOT (b = 1 OR b = 5)   …… 不是"b = 1或者b = 5"
NOT (b = 1) AND NOT (b = 5)   …… 不是b = 1，也不是b = 5
```

无论是哪个都有相同的含义。

例

参考第56页创建的tbl_exam表。

```
USE db_book;
SELECT * FROM tbl_exam
    WHERE ((id % 2) < 1) AND (score_English >= 80);        ①
SELECT * FROM tbl_exam
    WHERE (score_literature >= 90) OR (score_English >= 90);  ②
SELECT * FROM tbl_exam
    WHERE NOT ((score_literature + score_English) > 150);     ③
GO
```

①显示 id 列的值为偶数且 score_English 列的值大于等于 80 的数据。

②显示 score_literature 列或者 score_English 列的值大于等于 90 的数据。

③显示 score_literature 和 score_English 两列值的总和不大于（小于等于）150 的数据。

运行结果

id	name	score_literature	score_English	①
2	山本	75	80	

id	name	score_literature	score_English	②
1	相泽	100	98	
3	泽口	70	93	

id	name	score_literature	score_English	③
4	小林	54	65	

逻辑运算符 **63**

1 数据库介绍

2 SQL基础

3 运算符

4 函数

5 基本的数据操作

6 复杂的数据操作

7 保护数据的机制

8 与程序协作

9 附录

字符处理运算符

下面将介绍用来处理字符的运算符。

字符串联运算符

把字符连接起来时一般会使用‖运算符。但SQL Server中用的是+运算符，而MySQL中则会使用CONCAT()函数。

```
SELECT   name || prefix FROM tbl_roster;
```

        列名   列名   表名

只有数据类型是字符串的列才能连起来。

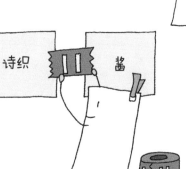

[MySQL中的情况]

```
SELECT CONCAT(name, prefix) FROM tbl_roster;
```

例

参考第56页
创建的tbl_stdlist表。

```
USE db_book;
SELECT familyname + '␣' + firstname AS name FROM tbl_stdlist;
GO
```

半角空格

运行结果

```
name
------------------
相泽 奈美子
山本 太月
泽口 映
小林 麻衣子
```

字符串比较

想获取字符串中包含特定字符的数据时，需要使用LIKE运算符。

数据库
介绍

SQL
基础

运算符

函数

基本的
数据操作

复杂的
数据操作

保护数据的
机制

与程序协作

附录

```
SELECT name FROM tbl_roster WHERE name LIKE '诗%';
```

进行比较的列名　　　条件

把name列中以"诗"开头的数据全都提取出来。

≫ 设定条件的方法

与LIKE运算符配合使用，可以设置用于判断的模糊条件。

运算符	功能	使用方法	含义
%（百分号）	相当于0~任意长度的文字列	%山%	富士山、山田等包含"山"的字符串
_（下划线）	相当于1个字符	_织	诗织、香织等在"织"之前有任意单个字符的字符串

例

参考第56页
创建的tbl_stdlist表。

```
USE db_book;
SELECT * FROM tbl_stdlist WHERE familyname LIKE '%泽%';  ①
SELECT * FROM tbl_stdlist WHERE familyname LIKE '泽_';   ②
GO
```

运行结果

```
id          familyname       firstname        ①
---------   --------------   --------------
         1  相泽             奈美子
         3  泽口             映

id          familyname       firstname        ②
---------   --------------   --------------
         3  泽口             映
```

其他运算符（1）

下面介绍几个功能和英语意义相近的运算符。

BETWEEN运算符

"BETWEEN~AND~"看起来是不是很像英文中的习惯用法。

使用BETWEEN~AND可以指定值的范围。

```
SELECT score FROM game WHERE score BETWEEN 10 AND 100;
```
　　　　　　　　　　　　　　　列名　　　　值的下限　值的上限

顺便说一下，上文SQL语句中score BETWEEN 10 AND 100的部分，用AND运算符来表示则会如下文所示。

```
(score >= 10) AND (score <= 100)
```

还是"BETWEEN~AND"看起来更好用。

例

参考第56页
创建的tbl_exam表。

```
USE db_book;
SELECT * FROM tbl_exam WHERE score_English BETWEEN 90 AND 100;
GO
```

运行结果

```
id          name      score_literature      score_English
---------   -------   -------------------   ---------------
        1   相泽                     100                98
        3   泽口                      70                93
```

IS NULL运算符

依靠IS NULL运算符能判断指定列中的值是否为NULL。IS NULL运算符有以下两种使用方式。

列名 IS NULL ……指定列的值为 NULL，则为 TRUE，否则为 FALSE。

列名 IS NOT NULL ……指定列的值不为 NULL，则为 TRUE，否则为 FALSE。

不可以写成"列名 =
NULL"。

例

参考第57页
创建的tbl_bookprice表。

```
USE db_book;
SELECT * FROM tbl_bookprice WHERE price IS NOT NULL;   ①
SELECT title + '尚无定价' FROM tbl_bookprice            ②
        WHERE price IS NULL;
GO
```

运行结果

code	title	price	①
1	图解 C 语言	1380	
2	图解 Java	1580	

图解 SQL 尚无定价   ②

1
数据库
介绍

2
SQL
基础

3
运算符

4
函数

5
基本的
数据操作

6
复杂的
数据操作

7
保护数据的
机制

8
与程序协作

9
附录

其他运算符（2）

使用IN运算符，可以简单地表达出"列的值与其中某项相同"的含义。

 IN运算符

使用IN运算符之后，仅会从指定列的数据里面提取与( )中某项值相同的数据（译注：简单来说就是判断数据是否在IN后面的数据中）。

指定多个值的时候，使用"，"进行分隔。

```
SELECT player FROM tbl_team WHERE number IN (5, 10);
```

列名　　希望获取的值

另外，NOT IN则表示反过来的条件"指定的值以外"。

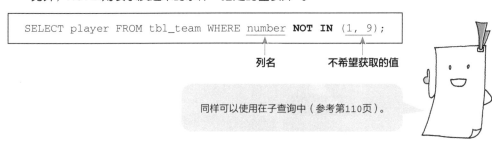

```
SELECT player FROM tbl_team WHERE number NOT IN (1, 9);
```

列名　　不希望获取的值

同样可以使用在子查询中（参考第110页）。

例

参考第56页
创建的tbl_exam表。

```
USE db_book;
SELECT * FROM tbl_exam WHERE id IN (2, 4);
GO
```

运行结果

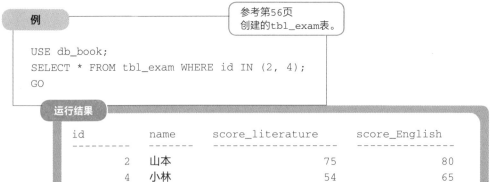

id	name	score_literature	score_English
2	山本	75	80
4	小林	54	65

和比较运算符的区别

使用比较运算符也能表示与IN运算符相同的条件。

---

std_no 列是 5 或 10

还是IN运算符用起来更方便。

使用 IN　　`std_no IN (5, 10)`

使用 OR　　`(std_no = 5) OR (std_no = 10)`

---

std_no 列不是 5 或 10

使用 IN　　`std_no NOT IN (5, 10)`

使用 AND　　`(std_no != 5) AND (std_no != 10)`

例

参考第56页
创建的`tbl_exam`表。

```
USE db_book;
SELECT * FROM tbl_exam WHERE id IN (1, 3);
SELECT * FROM tbl_exam WHERE id NOT IN (1, 3);
GO
```

运行结果

id	name	score_literature	score_English
1	相泽	100	98
3	泽口	70	93

id	name	score_literature	score_English
2	山本	75	80
4	小林	54	65

1 数据库介绍
2 SQL基础
3 运算符
4 函数
5 基本的数据操作
6 复杂的数据操作
7 保护数据的机制
8 与程序协作
9 附录

SQL 语句中各子句的执行顺序

如果要问SQL语句中最重要的是什么，毫无疑问是获取数据的SELECT语句。如第2章中所介绍的，SELECT语句可以用FROM或WHERE等各种子句进行修饰。在SQL Server中各子句之间的先后执行顺序如下。

1　FROM
2　ON
3　JOIN
4　WHERE
5　GROUP BY
6　WITH CUBE 或 WITH ROLLUP
7　HAVING
8　SELECT
9　DISTINCT
10　ORDER BY

> ON/JOIN在第6章、HAVING在第4章中有说明。

虽然至今为止的例子中都没有出现过很长的SQL语句，但实际使用的SQL语句不仅会很长、还会很复杂。对编程语言稍微有所了解的人可能会觉得，依次执行较短的SQL语句是不是就可以不那么长了。但是，向表中写入数据的中间操作会导致SQL语句的执行速度一落千丈。因此，理论上来说，即使SQL语句不得不变得又长又复杂，还是尽量用更少的查询次数获得所需结果比较好。

如果有一天开始编写实际使用的SQL语句时，请再回来重新确认这里所介绍的顺序吧。

4

函数

第 4 章 这部分

是关键 key

魔法黑盒子

本章将会学习**函数**相关的内容。说到函数，很多人首先想到的可能都是数学里的函数，而SQL中的函数表示的其实是"处理的集合"。

函数最基本的格式如下。

函数名 (参数)

参数指的是信息处理时所需的素材。虽然也有一些函数是不需要参数的，但我们基本上可以把函数想象成"把参数放进去，经过加工处理之后，再把结果展现出来的方法"。被函数计算出来的结果则称为**返回值**。

利用函数可以省去烦琐的处理过程，直接运用其提供的各种功能。所以也可以说，函数就是一个非常便利的魔法黑盒子。

提到函数就觉得困难、感到害怕的人，现在多少也会产生一些兴趣了吧。

RDBMS特有的函数

　　SQL中的函数根据功能可以分为数学函数、字符串函数、日期和时间函数、聚合函数、转换函数等。同时，函数能实现的功能也各式各样，比如小数点的进位、计算列的平均值、统计字符串中包含的字符数等。但在使用的过程中，需要特别注意各个RDBMS拥有各自特有的函数。相同功能的函数，可能会因RDBMS不同而有着不同的名称，甚至出现无法使用的情况。虽然本书会尽可能介绍各个RDBMS中的情形，但恐怕依然会存在遗漏的部分。

　　另外，本书所介绍的内容，只是函数中很小的一部分，SQL里还有其他许许多多的函数，如果有需要，不妨也学习一下其他的函数。

1 数据库介绍

2 SQL 基础

3 运算符

4 函数

5 基本的数据操作

6 复杂的数据操作

7 保护数据的机制

8 与程序协作

9 附录

本章使用的表

本章示例使用了下面这些表，请根据需要创建相应的表。

tbl_snum

```
USE db_book;
CREATE TABLE tbl_snum (
        num FLOAT);
INSERT INTO tbl_snum (num) VALUES (1.248);
INSERT INTO tbl_snum (num) VALUES (29.5);
INSERT INTO tbl_snum (num) VALUES (105.05);
```

tbl_stdname

```
USE db_book;
CREATE TABLE tbl_stdname (
        sname VARCHAR(20),
        fname VARCHAR(20));
INSERT INTO tbl_stdname (sname,fname) VALUES ('AIZAWA', 'namiko');
INSERT INTO tbl_stdname (sname,fname) VALUES ('YAMAMOTO', 'tatsuki');
INSERT INTO tbl_stdname (sname,fname) VALUES ('SAWAGUCHI', 'aki');
INSERT INTO tbl_stdname (sname,fname) VALUES ('KOBAYASHI', 'maiko');
```

tbl_pet

```
USE db_book;
CREATE TABLE tbl_pet (
        pname VARCHAR(20));
INSERT INTO tbl_pet (pname) VALUES ('   CHIBI   ');
INSERT INTO tbl_pet (pname) VALUES ('   ALEX   ');
INSERT INTO tbl_pet (pname) VALUES ('   RAN   ');
INSERT INTO tbl_pet (pname) VALUES ('   SHAM   ');
```

tbl_datelist

```
USE db_book;
CREATE TABLE tbl_datelist (
      no INT,
      date1 DATETIME,
      date2 DATETIME);
INSERT INTO tbl_datelist (no, date1, date2)
      VALUES (1,'2018-04-13','2018-07-03');
INSERT INTO tbl_datelist (no, date1, date2)
      VALUES (2,'2018-10-11','2019-01-24');
```

tbl_game

```
USE db_book;
CREATE TABLE tbl_game (
      name VARCHAR(20),
      score INT);
INSERT INTO tbl_game (name, score) VALUES ('koba', 125);
INSERT INTO tbl_game (name, score) VALUES ('tone', 140);
INSERT INTO tbl_game (name, score) VALUES ('takane', 110);
INSERT INTO tbl_game (name, score) VALUES ('koba', 75);
INSERT INTO tbl_game (name, score) VALUES ('takane', 160);
INSERT INTO tbl_game (name, score) VALUES ('tone', 98);
INSERT INTO tbl_game (name, score) VALUES ('takane', 90);
INSERT INTO tbl_game (name, score) VALUES ('koba', 64);
INSERT INTO tbl_game (name, score) VALUES ('tone', 105);
```

tbl_schedule

```
USE db_book;
CREATE TABLE tbl_schedule (
      time VARCHAR(30));
INSERT INTO tbl_schedule(time) VALUES ('12 29 2016 8:50AM');
INSERT INTO tbl_schedule(time) VALUES ('02 06 2017 12:46AM');
INSERT INTO tbl_schedule(time) VALUES ('06 30 2018 1:29PM');
```

年月日以及时间之间，均用半角空格分隔。

1
数据库
介绍

2
SQL
基础

3
运算符

4
函数

5
基本的
数据操作

6
复杂的
数据操作

7
保护数据的
机制

8
与程序协作

9
附录

函数是什么

SQL中的函数与大家熟知的数学里的函数在含义上有些许不同。

 ## 函数是什么

所谓**函数**，就是对数据进行某种处理并返回最终结果的功能。在不同种类数据的处理中，有些需要用户提供值，有些不需要。

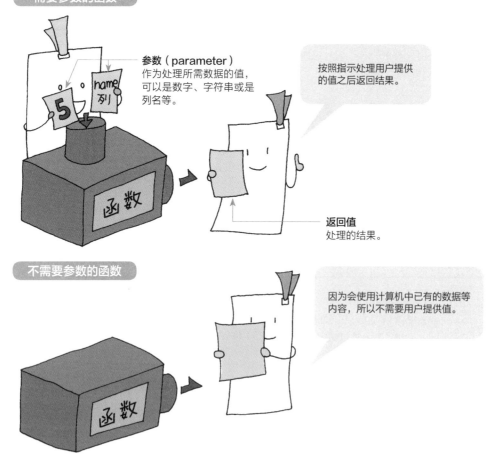

需要参数的函数

参数（parameter）
作为处理所需数据的值，可以是数字、字符串或是列名等。

按照指示处理用户提供的值之后返回结果。

返回值
处理的结果。

不需要参数的函数

因为会使用计算机中已有的数据等内容，所以不需要用户提供值。

用户不仅可以使用SQL中提供的各种函数，还可以创建自己独有的函数。本书将会介绍那些已有函数的使用方法。

有参函数的分类

需要参数的函数大体上可以分为两类。

≫ 单行函数

分别对每行进行处理，逐行返回处理结果（译注：可以理解成一次只处理一行，有多少行就重复多少次）。参数可以是列名或者实际的值。

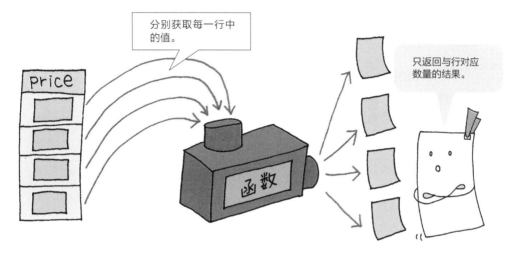

分别获取每一行中的值。

只返回与行对应数量的结果。

≫ 多行函数

将多行合到一起成组进行处理，最后返回一个结果（译注：跟单行函数不同的是一次获取的行的数量）。参数需要是列名。

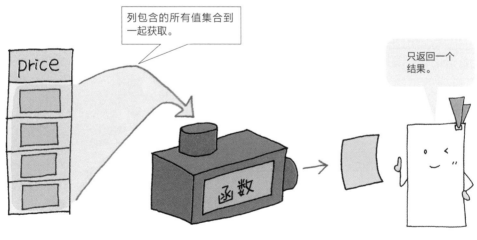

列包含的所有值集合到一起获取。

只返回一个结果。

1 数据库介绍

2 SQL基础

3 运算符

4 函数

5 基本的数据操作

6 复杂的数据操作

7 保护数据的机制

8 与程序协作

9 附录

数学函数（1）

接下来介绍的是处理数值的数学函数。首先介绍的是处理小数点后数值的两个函数，分别是向上取整的CEILING( )函数，以及向下取整的FLOOR( )函数。

数学函数

数学函数是用来进行数学相关处理的函数。不仅可以直接传入数值，也可以指定包含数值的列作为参数。

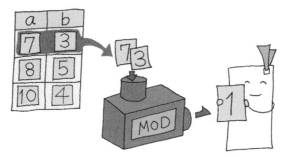

CEILING( )函数和CEIL( )函数

CEILING( )函数和CEIL( )函数，会返回大于等于参数的最小整数。也就是说，参数是实数的时候，会将小数点之后的部分去掉并向前进位。SQL Server和MySQL中为CEILING( )函数，而Oracle和PostgreSQL中则使用的是CEIL( )函数。

```
CEILING(55.44)
```
需要指定数值或是数值类型的列。

如果参数是整数，那么返回值就等于参数。

🔓 FLOOR( )函数

FLOOR( )函数会返回小于等于参数的最大整数。也就是说，参数是实数的时候，会将小数点之后的部分直接舍弃。这个函数在SQL Server、Oracle、MySQL、PostgreSQL中都可以使用。

```
FLOOR(2.58)
```
需要指定数值或是数值类型的列。

天花板（CEILING）和地板（FLOOR）两个函数不仅在名称的含义上相反，功能也正好是完全相反的。

例

参考第74页创建的 tbl_snum表。

```
USE db_book;
SELECT num, CEILING(num) AS result1,
       FLOOR(num) AS result2 FROM tbl_snum;
GO
```

运行结果

num	result1	result2
1.248	2	1
29.5	30	29
105.05	106	105

CEILING()函数的结果

FLOOR()函数的结果

1 数据库介绍

2 SQL基础

3 运算符

4 函数

5 基本的数据操作

6 复杂的数据操作

7 保护数据的机制

8 与程序协作

9 附录

数学函数（2）

继续介绍主要的数学函数。

RAND( )函数

RAND( )函数会返回一个0到1之间的随机数（不包括0和1）。SQL Server和MySQL中均可以使用。

```
RAND(6)
```

指定作为随机数生成基础的数值
（SEED：种子值），可省略。

> 想要随机获取数据时就能用到这个函数。

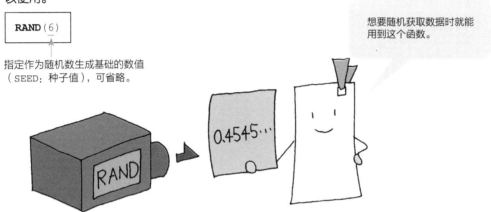

如果省略参数就可以获得纯粹的随机数（每次处理结果均不相同），如果想获得相同的返回值，就需要在( )内指定数值。

例

```
SELECT RAND();    ①
SELECT RAND();    ②
SELECT RAND(7);   ③
SELECT RAND(7);   ④
GO
```

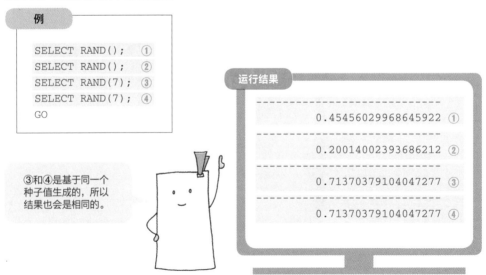

运行结果

```
-----------------------------------
              0.45456029968645922  ①
-----------------------------------
              0.20014002393686212  ②
-----------------------------------
              0.71370379104047277  ③
-----------------------------------
              0.71370379104047277  ④
```

> ③和④是基于同一个种子值生成的，所以结果也会是相同的。

其他数学函数

其他一些重要的数学函数参见下表。

运算符	功能	注意事项
ABS(m)[1]	返回m的绝对值	
ROUND(m【, x】)[1][2]	返回m在小数点后x位数四舍五入后的结果	Oracle中【 】内的部分可以省略
POWER(m, n)[1]	返回m的n次幂的结果（乘方）	MySQL、PostgreSQL中为POW()函数
SQRT(m)[1]	返回m的平方根	
MOD(m, n)[1]	返回m除以n以后的余数	（译注：SQL Server中要用运算符%）
SIN(m)[1]	返回m的正弦函数值	
COS(m)[1]	返回m的余弦函数值	
TAN(m)[1]	返回m的正切函数值	
EXP(m)[1]	返回m的指数值	
LOG(【m,】n)[1]	返回m为底n的自然对数	【 】部分可省略（译注：SQL Server以及MySQL中省略时默认求自然对数，底数为e，只有PostgreSQL中才是求lg，以10为底数。另外Oracle中求自然对数时使用LN函数）
SIGN(m)[1]	返回m的符号	正数：1；负数：-1；零：0

※1：m、n 为数值或者列名。
※2：x 为位数。

≫指定位数

ROUND()等数学函数在指定位数时，设置的是"想要处理的位数-1"的整数。

指定的数值	实际处理的位数
3	小数点往后第4位
2	小数点往后第3位
1	小数点往后第2位
0	小数点往后第1位
-1	1的位置（个位）
-2	10的位置（十位）
-3	100的位置（百位）

虽然有些复杂，但是为了不出错还请仔细阅读一下哦。

1 数据库介绍

2 SQL基础

3 运算符

4 函数

5 基本的数据操作

6 复杂的数据操作

7 保护数据的机制

8 与程序协作

9 附录

字符串函数（1）

接下来将介绍的是用于处理字符串的字符串函数。两个函数分别为测量字符串长度的函数，以及提取字符串的一部分的函数。

LEN( )函数和LENGTH( )函数

LEN( )函数和LENGTH( )函数会返回字符串的字符数。SQL Server中使用的是LEN( )函数，而Oracle、MySQL以及PostgreSQL则用的是LENGTH( )函数。

```
LEN('志绪里')
```

可以指定字符串或者字符串类型的列。使用字符串时需要用"'（英文单引号）"括起来。

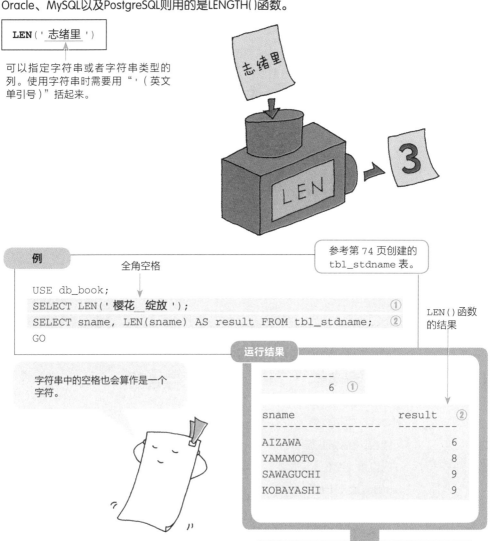

参考第74页创建的 tbl_stdname 表。

例

全角空格

```
USE db_book;
SELECT LEN('樱花 绽放');                                      ①
SELECT sname, LEN(sname) AS result FROM tbl_stdname;          ②
GO
```

LEN( )函数的结果

字符串中的空格也会算作是一个字符。

运行结果

```
----------
        6  ①

sname              result    ②
-----------------  ---------
AIZAWA                    6
YAMAMOTO                  8
SAWAGUCHI                 9
KOBAYASHI                 9
```

SUBSTRING( )函数和SUBSTR( )函数

使用SUBSTRING( )函数和SUBSTR( )函数可以返回字符串中指定的部分。Oracle中使用的是SUBSTR( )函数。

| 指定的是作为基础的字符串或者字符串类型的列。 | 表示从字符串开头（左侧）数第几个字符前开始截取。 | 表示要截取出多少个字符。 |

1 数据库介绍

2 SQL基础

3 运算符

4 函数

5 基本的数据操作

6 复杂的数据操作

7 保护数据的机制

8 与程序协作

9 附录

SUBSTRING的意思就是"部分字符串"。

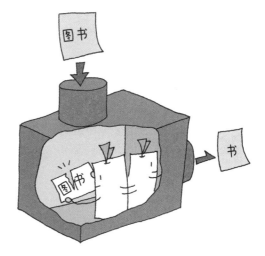

例

参考第74页创建的 tbl_stdname 表。

```
USE db_book;
SELECT fname, SUBSTRING(fname, 2, 2) AS result FROM tbl_stdname;
GO
```

从字符串左数第2个字开始截取出两个字符的内容。

SUBSTRING函数的结果

运行结果

```
fname              result
---------------    -------------
namiko             am
tatsuki            at
aki                ki
maiko              ai
```

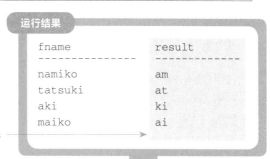

字符串函数（2）

下面将介绍两个字符串函数，一个可以去除字符串头尾的空白，另一个能够改变字符的大小写。

LTRIM( )函数和RTRIM( )函数

LTRIM( )和RTRIM( )函数可以去除字符串开头或者末尾包含的空白（空格）。

字符串或字符串类型的列

如果字符串开头（最左侧）包含空格则将其去除。

字符串或字符串类型的列

如果字符串末尾（最右侧）包含空格则将其去除。

> "TRIM( )函数"可以一次把头尾两侧的空格全都移除，但是SQL Server中无法使用这个函数。

例 ← 参考第74页创建的 tbl_pet 表。

```
USE db_book;
SELECT '***' + pname + '***'  AS pname,
       '***' + LTRIM(pname) + '***' AS leftside,
       '***' + RTRIM(pname) + '***' AS rightside
       FROM tbl_pet;
GO
```

运行结果

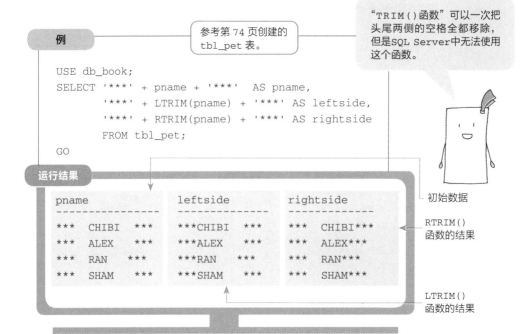

初始数据

RTRIM( ) 函数的结果

LTRIM( ) 函数的结果

UPPER( )函数和LOWER( )函数

UPPER( )是可以把字符串改为大写的函数，而LOWER( )则相反，是可以把字符串改为小写的函数。

UPPER(' **图解** sql')

字符串或字符串类型的列

将字符串改为大写，如果参数已经是大写时不做任何改动。

图解 sql ➡ 图解 SQL

LOWER(' **图解** SQL')

字符串或字符串类型的列

将字符串改为小写，如果参数已经是小写时不做任何改动。

图解 SQL ➡ 图解 sql

参考第74页创建的 tbl_stdname表。

例

```
USE db_book;
SELECT sname, LOWER(sname) AS small FROM tbl_stdname;  ①
SELECT fname, UPPER(fname) AS capital FROM tbl_stdname;  ②
GO
```

运行结果

sname	small	
AIZAWA	aizawa	①
YAMAMOTO	yamamoto	
SAWAGUCHI	sawaguchi	
KOBAYASHI	kobayashi	

fname	capital	
namiko	NAMIKO	②
tatsuki	TATSUKI	
aki	AKI	
maiko	MAIKO	

1 数据库介绍

2 SQL基础

3 运算符

4 函数

5 基本的数据操作

6 复杂的数据操作

7 保护数据的机制

8 与程序协作

9 附录

日期和时间函数（1）

这里将介绍进行日期与时间处理的函数的应用。

 ## 获取当前时间

SQL Server中可以使用**GETDATE( )**函数获得当前时间，而Oracle和MySQL需要用**SYSDATE( )**函数，PostgreSQL则是通过**NOW( )**函数获取。

GETDATE( )

不需要参数哦。

2018-05-06 12:08 xxx

例

```
SELECT GETDATE();
GO
```

显示的是运行RDBMS的服务器上的当前时间。

运行结果

```
2018-03-16 12:08:54.263
```

从日期和时间数据中获取年月日

在SQL Server以及MySQL中,可以通过下表中的函数,从日期和时间数据中获取单独的年月日数值。

函数名	功能	使用方法 → 返回值
DAY(m)※	返回日	DAY('2018-3-16')→ 16
MONTH(m)※	返回月份	MONTH('2018-3-16')→ 3
YEAR(m)※	返回年份	YEAR('2018-3-16')→ 2018

※ m = 日期和时间数据或者列名

在不同的RDBMS中,时间和日期类型的表达方式也有所区别。

例

```
USE db_book;
CREATE TABLE tbl_date (currenttime DATETIME);
GO
INSERT INTO tbl_date (currenttime) VALUES (GETDATE());
SELECT * FROM tbl_date; ①
SELECT DAY(currenttime) FROM tbl_date; ②
GO
```

SQL Server中处理日期和时间用的数据类型。

创建表。

通过GETDATE()函数存入当前时间。

使用DAY()函数后仅提取日期中的天。

运行结果

```
currenttime                    ①
-----------------------------
2018-03-16 12:38:31.070


-----------          ②
         16
```

显示插入数据时的当前时间。

从当前时间中提取日期。

1 数据库介绍

2 SQL基础

3 运算符

4 函数

5 基本的数据操作

6 复杂的数据操作

7 保护数据的机制

8 与程序协作

9 附录

日期和时间函数（2）

继续介绍处理日期和时间的函数。

日期、时间的修改

在SQL Server中，可以通过**DATEADD( )**函数修改日期和时间数据中的内容。

```
DATEADD(d, 1, '2018-08-31')
```

指定要修改的单位（组成元素）。

用于调整的数值或是数值类型的列。如果输入的是负数，日期和时间会向前倒退。

待修改的对象，日期和时间类型的数据或列。

2018-08-31 + 1 = 2018-09-01

单位

≫元素一览

日期和时间函数中，作为参数使用的日期时间组成元素主要为下表中列出来的内容。

组成元素	SQL Server
年	year、yyyy、yy
季度	quarter、qq、q
月	month、mm、m
该年经过的天数	dayofyear、dy、y
周	week、wk、ww
日	day、dd、d
星期	weekday、dw
时	hour、hh
分	minute、mi、n
秒	second、ss
微秒	millisecond、ms、s

SQL Server中同一个元素有多种表达方式，它们都具有相同的含义。

计算日期时间的差值

在SQL Server中，日期和时间数据的某项数值之间的差值可以利用DATEDIFF( )函数计算获得。

```
DATEDIFF(m, '2018-08-16', '2018-12-05')
```

返回值的单位（组成元素）。
关于可选元素参见上页中的
一览表。

第2参数
日期和时间类型的
数值或者列。

第3参数
日期和时间类型的数
值或者列。

第2参数

第3参数

$2018\text{-}12\text{-}05$ — $2018\text{-}08\text{-}16$ = 4 个月

元素

例

参考第75页创建的
tbl_datelist表。

```
USE db_book;
SELECT DATEADD(m, 6, date1) FROM tbl_datelist WHERE no = 1;     ①
SELECT DATEDIFF(d, date1, date2) FROM tbl_datelist WHERE no = 2; ②
SELECT DATEDIFF(d, GETDATE(), '2019-01-01');  ③   ← 计算2019年1月1日到
GO                                                   查询时经过了多少天。
```

运行结果

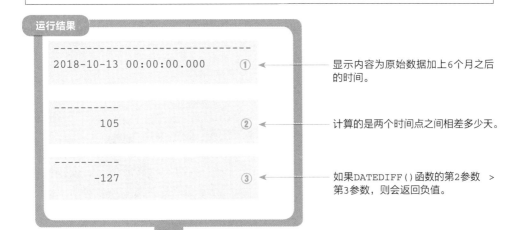

```
-----------------------------
2018-10-13 00:00:00.000      ①
```
→ 显示内容为原始数据加上6个月之后
的时间。

```
----------
       105   ②
```
→ 计算的是两个时间点之间相差多少天。

```
----------
      -127   ③
```
→ 如果DATEDIFF( )函数的第2参数 >
第3参数，则会返回负值。

1 数据库介绍
2 SQL基础
3 运算符
4 函数
5 基本的数据操作
6 复杂的数据操作
7 保护数据的机制
8 与程序协作
9 附录

聚合函数（1）

聚合函数可以会对整列数据进行处理然后返回单个结果，具体介绍如下。

重要的聚合函数

聚合函数是把一整列的数据放到一起进行处理的函数，参数为待处理列的列名。

≫AVG( )函数

将列包含的所有值（NULL值除外）作为对象，计算其平均值。

需指定数值类型的列。

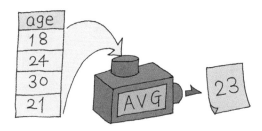

≫SUM( )函数

计算列包含的所有值（NULL值除外）的总和。

需指定数值类型的列。

≫COUNT( )函数

计算列的行数。

可以指定为列名或是"＊（星号）"。如果是列名则会排除
NULL值进行计算，"＊"会将NULL值也作为计算的对象。

例

参考第61页创建的 tbl_game表。

```
USE db_book;
SELECT AVG(score) AS average, SUM(score) AS total_score,
       COUNT(name) AS game FROM tbl_game;
GO
```

运行结果

```
average          total_score        game
---------        --------------     ------
      107                   967          9
```

≫去除重复数据之后计算行数

如果想要计算指定的列中不包含重复数据总共有多少行，需要结合第2章中介绍过的DISTINCT语句。

```
COUNT(DISTINCT number)
```
指定列名。

例

参考第75页创建的 tbl_game表。

```
USE db_book;
SELECT COUNT(DISTINCT name) AS member FROM tbl_game;
GO
```

运行结果

```
member
-----------------
                3
```

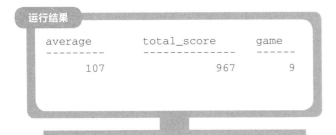

1 数据库介绍

2 SQL基础

3 运算符

4 函数

5 基本的数据操作

6 复杂的数据操作

7 保护数据的机制

8 与程序协作

9 附录

聚合函数（1）**91**

聚合函数（2）

下面将介绍其他聚合函数的应用，以及结合SELECT语句中可用子句的使用方法。

MAX( )函数和MIN( )函数

MAX( )函数会返回列中的最大值，而MIN( )函数则会返回最小值。

```
MAX( weight )
```

指定数值类型的列。

```
MIN( weight )
```

以组为单位进行处理

之前在第2章中曾经介绍过，把聚合函数和GROUP BY子句组合起来，就可以对行进行分组，然后分别对每组数据进行统计计算。

> **例**
>
> 参考第75页创建的
> tbl_game表。

```
USE db_book;
SELECT name, MAX(score) AS high, MIN(score) AS low
    FROM tbl_game GROUP BY name;
GO
```

运行结果

```
name        high        low
--------    --------    --------
koba             125          64
takane           160          90
tone             140          98
```

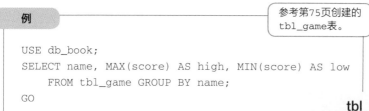

tbl_game

name	score
koba	125
tone	140
takane	110
:	:

分组

name	high	low
:	:	:
:	:	:

从聚合函数的结果中提取符合条件的数据

第2章曾介绍过，要想在SELECT语句获取的结果里筛选出符合条件的数据，需要使用WHERE子句。而GROUP BY子句分组之后的内容，则要通过**HAVING子句**来获取符合条件的数据。

```
SELECT price, COUNT(title) FROM tbl_book GROUP BY price
HAVING COUNT(title) = 1;
```

条件中还可以包含聚合函数。

并没有用到WHERE子句。

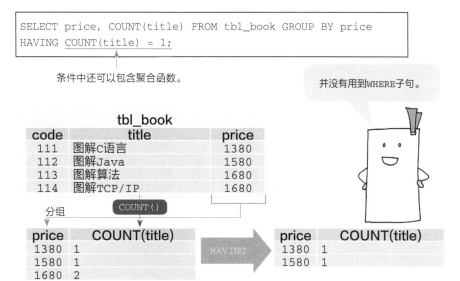

例

参考第75页创建的
tbl_game表。

```
USE db_book;
SELECT name, SUM(score) AS over300 FROM tbl_game
    GROUP BY name HAVING (SUM(score) >= 300);
GO
```

提取score总和超
过300分的数据。

运行结果

```
name            over300
--------------  ----------
takane               360
tone                 343
```

右侧图标栏：

1 数据库介绍

2 SQL基础

3 运算符

4 函数

5 基本的数据操作

6 复杂的数据操作

7 保护数据的机制

8 与程序协作

9 附录

聚合函数（2）**93**

转换函数

此处介绍的是用于转换数据类型的函数。

CAST( )函数

CAST( )函数可以用来转换数据的类型。

》将数值转换为字符串

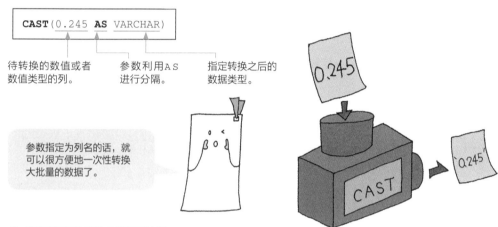

CAST(0.245 **AS** VARCHAR)

待转换的数值或者
数值类型的列。

参数利用AS
进行分隔。

指定转换之后的
数据类型。

参数指定为列名的话,就
可以很方便地一次性转换
大批量的数据了。

》将字符串转换为日期和时间

CAST('2000-02-02' **AS** DATETIME)

待转换的数值或者数值
类型的列。

参数利用AS
进行分隔。

指定转换之后的
数据类型。

执行语句获得的结果是
2000-02-02 00:00:00.000。

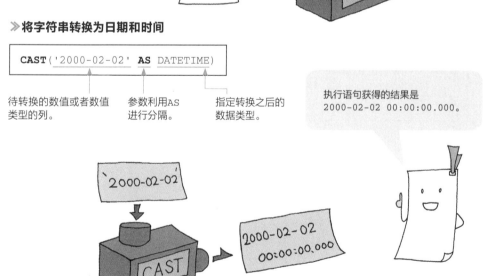

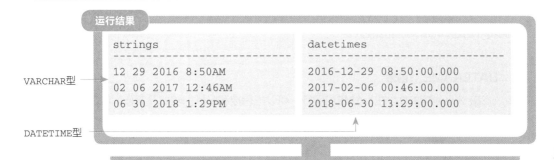

参考第 75 页中创建的 tbl_schedule 表。

例

```
USE db_book;
SELECT time AS strings, CAST(time AS DATETIME) AS datetimes
        FROM tbl_schedule;
GO
```

运行结果

```
strings                          datetimes
-------------------------        -------------------------
12 29 2016 8:50AM                2016-12-29 08:50:00.000
02 06 2017 12:46AM               2017-02-06 00:46:00.000
06 30 2018 1:29PM                2018-06-30 13:29:00.000
```

VARCHAR型

DATETIME型

在Oracle数据库中，除了CAST( )函数之外，还可以使用**TO_CHAR( )**函数（转换为字符串）、**TO_NUMBER( )**函数（转换为数值）、**TO_DATE( )**函数（转换为日期和时间）等单一数据类型转换函数。另外，SQL Server中的**CONVERT( )**函数拥有与CAST( )函数相同的功能。

转换函数 **95**

1
数据库介绍

2
SQL基础

3
运算符

4
函数

5
基本的数据操作

6
复杂的数据操作

7
保护数据的机制

8
与程序协作

9
附录

专栏

RDBMS 特有函数

第 4 章中，介绍的大多是RDBMS中可以使用、相对来说比较具有通用性的函数。下面将介绍各RDBMS特有的函数。

◎DATENAME( )函数

SQL Server中的**DATENAME( )**函数，可以把日期和时间的组成元素作为字符串提取出来。比如，在第1参数中指定weekday参数，就可以从日期和时间数据中获取星期数据。

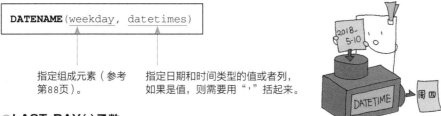

DATENAME(weekday, datetimes)

指定组成元素（参考第88页）。

指定日期和时间类型的值或者列，如果是值，则需要用"'"括起来。

◎LAST_DAY( )函数

Oracle和MySQL中，可以通过**LAST_DAY( )**函数获取指定时间点的所属月份中最后一天的日期，使用方法如下。

LAST_DAY(datetimes)

指定日期和时间类型的值或者列。

◎POSITION( )函数

MySQL和PostgreSQL数据库中，可以利用**POSITION( )**函数在字符串里面查找子字符串，并返回子字符串的位置，如果找到了就返回起始位置的字符数，没找到则返回0，具体语句如下。

POSITION('run' IN 'maruneko')

待搜索的子字符串或是字符串类型的列。

指定字符串或是字符串类型的列。

5

基本的数据操作

 与数据一同游玩

至今为止，本书所介绍的内容都还属于"存入数据，然后再提取出来"这种最基本的操作范畴。本章则会向前稍微迈进一步，介绍数据的更新和删除等内容。

要想更新已有数据要用到UPDATE语句，而将其删除则要利用DELETE语句。关于这些语句的详细功能，在实际执行了对应的示例后应该就能够理解了。与此同时，也会感受到比之前更加强烈的操作数据库的实感。所以，各位读者也不妨利用之前章节中的表来进行各种各样的尝试吧。

另外，关于在第2章中介绍过的INSERT语句，本章会进一步说明其更加便捷的用法。之前使用INSERT语句存入数据时，都是一个一个输入值的，其实还有一种非常方便的方法，可以把其他表中已存在的值当作数据的来源。只要把INSERT语句和SELECT语句组合到一起，就可以把现有表中的数据通通转存到其他表中，但有一点需要注意，转存之前与转存之后的列，必须拥有相同的数据类型。

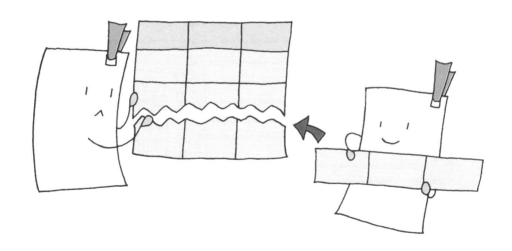

S 子查询是什么?

对于阅读到这里的读者而言,想必SELECT语句已经很熟悉了,实际上在SELECT语句中还可以再加入另一个SELECT语句。这种嵌套在其他SELECT中的SELECT语句称为**子查询**(内部查询),相对地,包围在外侧的SELECT语句则被称为**主查询**(父查询、外部查询)。在SELECT语句中还有一个SELECT语句,听起来可能会感觉很复杂,换个说法,"以子查询(内侧的SELECT语句)的结果为基础,来执行主查询(外侧的SELECT语句)",会不会更容易理解一些呢。

通常来说,使用子查询获取的数据都附带很复杂的条件,无法仅依靠一个查询就直接获得结果。但是在"感觉好难啊"之前,请先尝试一下实际的示例,一定能够感受到这么做的便利性。

本章的内容主要是围绕数据的操作来进行的,请在实际动手进行尝试的同时愉快地阅读吧。

1 数据库介绍
2 SQL基础
3 运算符
4 函数
5 基本的数据操作
6 复杂的数据操作
7 保护数据的机制
8 与程序协作
9 附录

本章使用的表

本章示例中使用了下面这些表，请根据需要创建相应的表。

tbl_subjects

```sql
USE db_book;
CREATE TABLE tbl_subjects (
        id INT PRIMARY KEY,
        name VARCHAR(20),
        math INT,
        English INT);
```

tbl_employee

```sql
USE db_book;
CREATE TABLE tbl_employee (
        section VARCHAR(10),
        name VARCHAR(10));
INSERT INTO tbl_employee (section,  name) VALUES ('总务部','高尾');
INSERT INTO tbl_employee (section,  name) VALUES ('人事部','宫坂');
INSERT INTO tbl_employee (section,  name) VALUES ('财务部','船山');
INSERT INTO tbl_employee (section,  name) VALUES ('人事部','村松');
INSERT INTO tbl_employee (section,  name) VALUES ('社长室','石川');
INSERT INTO tbl_employee (section,  name) VALUES ('财务部','西岛');
INSERT INTO tbl_employee (section,  name) VALUES ('人事部','牟田');
```

tbl_personnel

```sql
USE db_book;
CREATE TABLE tbl_personnel(
        name VARCHAR(10));
```

tbl_shopping

```sql
USE db_book;
CREATE TABLE tbl_shopping (
        priority INT,
        material VARCHAR(20),
        num INT);
INSERT INTO tbl_shopping VALUES (1,'锯子',1);
INSERT INTO tbl_shopping VALUES (2,'钉子',30);
INSERT INTO tbl_shopping VALUES (3,'砂纸',5);
INSERT INTO tbl_shopping VALUES (4,'胶合板',1);
```

tbl_title

```sql
USE db_book;
CREATE TABLE tbl_title (
        code INT PRIMARY KEY,
        title VARCHAR(40));
INSERT INTO tbl_title VALUES (1111,'诗织与书签');
INSERT INTO tbl_title VALUES (2222,'寻诗冒险记');
INSERT INTO tbl_title VALUES (3333,'捕捉 SQL');
```

tbl_novel

```
USE db_book;
CREATE TABLE tbl_novel (
        code INT PRIMARY KEY,
        title VARCHAR(40),
        price INT);
INSERT INTO tbl_novel VALUES (1111,'诗织与书签', 580);
INSERT INTO tbl_novel VALUES (2222,'寻诗冒险记', 680);
INSERT INTO tbl_novel VALUES (3333,'捕捉 SQL', 430);
INSERT INTO tbl_novel VALUES (4444,'爸爸的礼物', 980);
```

tbl_results

```
USE db_book;
CREATE TABLE tbl_results (
        id INT PRIMARY KEY,
        team VARCHAR(1),
        name VARCHAR(10),
        point1 INT,
        point2 INT);
INSERT INTO tbl_results VALUES (1,'C', '泽田', 120, 105);
INSERT INTO tbl_results VALUES (2,'A', '山本', 150, 130);
INSERT INTO tbl_results VALUES (3,'B', '田代', 105, 98);
INSERT INTO tbl_results VALUES (4,'A', '藤田', 170, 153);
INSERT INTO tbl_results VALUES (5,'C', '佐藤', 147, 151);
INSERT INTO tbl_results VALUES (6,'B', '长岛', 130, 125);
```

tbl_advance

```
USE db_book;
CREATE TABLE tbl_advance (
        no INT PRIMARY KEY,
        team VARCHAR(1),
        name VARCHAR(10),
        point1 INT,
        point2 INT);
```

tbl_allowance

```
USE db_book;
CREATE TABLE tbl_allowance (
        no INT PRIMARY KEY,
        name VARCHAR(10),
        overtime INT,
        travel INT,
        total INT);
INSERT INTO tbl_allowance VALUES (1,'高根泽', 35000, 18000, NULL);
INSERT INTO tbl_allowance VALUES (2,'藤本', 45000, 23600, NULL);
INSERT INTO tbl_allowance VALUES (3,'土谷', 56000, 32000, NULL);
INSERT INTO tbl_allowance VALUES (4,'小林', 21000, 14500, NULL);
```

1
数据库
介绍

2
SQL
基础

3
运算符

4
函数

5
基本的
数据操作

6
复杂的
数据操作

7
保护数据的
机制

8
与程序协作

9
附录

INSERT语句（1）

第2章介绍了INSERT语句的基本使用方法，下面就来看看INSERT语句更具体的应用方法吧。

 ## 插入时省略列名

使用INSERT语句时，省略列名也可以完成数据的添加，只需要按照创建表时定义列的顺序依次排列数据即可。

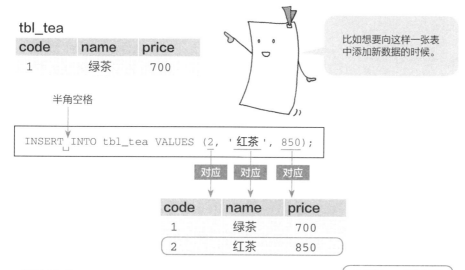

tbl_tea

code	name	price
1	绿茶	700

比如想要向这样一张表中添加新数据的时候。

半角空格

```
INSERT INTO tbl_tea VALUES (2, '红茶', 850);
```

对应　对应　对应

code	name	price
1	绿茶	700
2	红茶	850

例

参考第100页创建的 tbl_subjects表。

```
USE db_book;
INSERT INTO tbl_subjects VALUES (1, '佐藤', 76, 98);
INSERT INTO tbl_subjects VALUES (2, '山崎', 90, 74);
SELECT * FROM tbl_subjects;
GO
```

如果弄错了列的顺序，导致数据的数据类型不匹配时，就会出现错误提示，请多小心。

运行结果

```
id              name          math        English
-------------- ------------- ----------- -----------
             1 佐藤                    76          98
             2 山崎                    90          74
```

只在特定列中添加数据

添加数据时还可以只在特定的列中插入数据，此时没有指定数据的列，会按照创建表时设置的约束添加值（关于约束的说明请参考第32页）。

半角空格

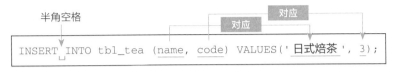

```
INSERT INTO tbl_tea (name, code) VALUES('日式焙茶', 3);
```

code	name	price
1	绿茶	700
2	红茶	850
3	日式焙茶	NULL

没有设置约束的列，则会默认添加NULL值。

例

参考第100页创建的tbl_subjects表。

```
USE db_book;
INSERT INTO tbl_subjects (id, name, math) VALUES (3, '小林', 75);
INSERT INTO tbl_subjects (id, name, English) VALUES (4, '西岛', 100);
SELECT * FROM tbl_subjects;
GO
```

没有指定数据的列就会添加NULL值。

运行结果

id	name	math	English
3	小林	75	NULL
4	西岛	NULL	100

※如果也执行了前一页中的示例，那么同时也会显示当时添加的内容。

1 数据库介绍

2 SQL基础

3 运算符

4 函数

5 基本的数据操作

6 复杂的数据操作

7 保护数据的机制

8 与程序协作

9 附录

INSERT语句（2）

尝试利用INSERT语句把SELECT语句获取的数据添加到其他表中吧。

 ## 插入SELECT语句的结果

INSERT语句在添加数据时也可以使用SELECT语句获取的结果，这样就能够很方便地把现有表中的数据存入其他表中。

```
对应
INSERT INTO tbl_petlist (id, name) SELECT no, name FROM tbl_cat;
```

指定现有表和列。

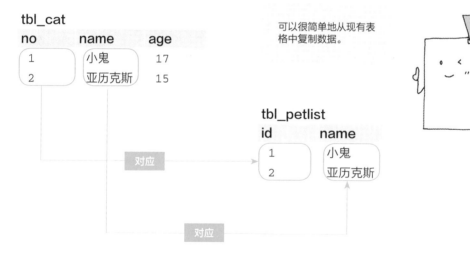

tbl_cat

no	name	age
1	小鬼	17
2	亚历克斯	15

可以很简单地从现有表格中复制数据。

tbl_petlist

id	name
1	小鬼
2	亚历克斯

对应

对应

如果对应列的数据类型不相同，那么就会发生错误。

参考第100页创建的 `tbl_employee` 表和 `tbl_personnel` 表。

```
USE db_book;
INSERT INTO tbl_personnel (name) SELECT name FROM tbl_employee
      WHERE section = ' 人事部 ';
SELECT * FROM tbl_personnel;
GO
```

运行结果

```
name
-----------
     宫坂
     村松
     牟田
```

从雇员列表中提取人事部的员工，再存入人事部的表中。

数据库
介绍

SQL
基础

运算符

函数

基本的
数据操作

复杂的
数据操作

保护数据的
机制

与程序协作

附录

UPDATE语句

更新已添加到表中的值时需要使用UPDATE语句。

更新单个值

使用**UPDATE语句**可以更新表中已经存在的值。

tbl_lunch

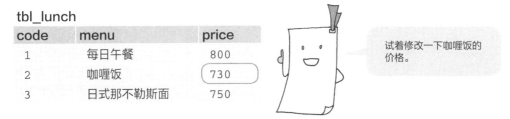

code	menu	price
1	每日午餐	800
2	咖喱饭	730
3	日式那不勒斯面	750

试着修改一下咖喱饭的价格。

找到code列为2的行，把该行price列的值改为760，可以使用下面的语句。

```
UPDATE tbl_lunch SET price = 760 WHERE code = 2;
```

表名　　　　　更新内容　　　　　　　　　条件
　　　　　　　需要更新的列名和新　　　　用于确定要更新
　　　　　　　的值之间通过 "=" 　　　　的行。
　　　　　　　连接起来。

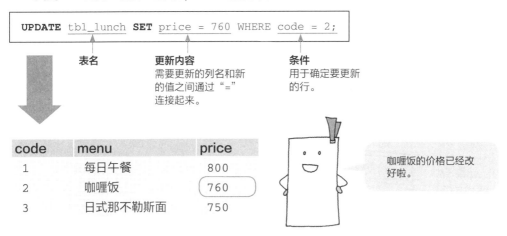

code	menu	price
1	每日午餐	800
2	咖喱饭	760
3	日式那不勒斯面	750

咖喱饭的价格已经改好啦。

如果不使用WHERE子句过滤出特定行，那么所有行的数据都会被更新，使用时请注意。

code	menu	price
1	每日午餐	760
2	咖喱饭	760
3	日式那不勒斯面	760

更新多个值

同时更新多列的值时，需要用 "，(英文逗号)" 把多个更新内容分隔开。

表名　　　　　　　用 "，" 进行分隔。

```
UPDATE tbl_lunch
    SET menu = ' 今日午餐 ', price = 790 WHERE code = 1;
```

更新内容　　　　条件

有两列的值被修改了。

code	menu	price
1	今日午餐	790
2	咖喱饭	760
3	日式那不勒斯面	750

例

参考第100页创建的
tbl_shopping表。

```
USE db_book;
UPDATE tbl_shopping SET material = ' 线锯 ', num = 2
    WHERE priority = 1;
UPDATE tbl_shopping SET num = 10 WHERE priority >= 3;
SELECT * FROM tbl_shopping;
GO
```

tbl_shopping原本的数据

priority	material	num
1	线锯	1
2	钉子	30
3	砂纸	5
4	胶合板	1

运行结果

```
priority        material        num
------------    ------------    --------
         1      线锯                    2
         2      钉子                   30
         3      砂纸                   10
         4      胶合板                 10
```

1 数据库介绍

2 SQL基础

3 运算符

4 函数

5 基本的数据操作

6 复杂的数据操作

7 保护数据的机制

8 与程序协作

9 附录

DELETE语句

DELETE语句能够删除已经存入的数据。

删除符合条件的数据

删除表中已经存在的数据时，需要使用**DELETE语句**。此时可以利用WHERE子句指定需要删除的行。

tbl_tel

no	name	phone
1	花田	○○-○○○○-○○○○
2	山田	△△-△△△△-△△△△

> 这里说的"数据"指的是一整行的内容。

```
DELETE FROM tbl_tel WHERE name = '花田';
```

表名   **条件**
用于指定需要删除的数据。

no	name	phone
2	山田	△△-△△△△-△△△△

例

> 参考第100页创建的tbl_title表。

```
USE db_book;
DELETE FROM tbl_title WHERE code = 2222;
SELECT * FROM tbl_title;
GO
```

tbl_title原来的数据

code	title
1111	诗织与书签
2222	寻诗冒险记
3333	捕捉SQL

运行结果

```
code          title
------------  --------------------
        1111  诗织与书签
        3333  捕捉 SQL
```

删除所有数据

如果不使用WHERE子句筛选特定行，就会删掉全部的行。

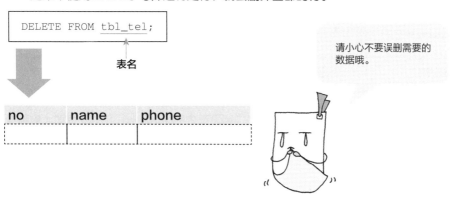

```
DELETE FROM tbl_tel;
```

表名

请小心不要误删需要的数据哦。

数据库
介绍

SQL
基础

运算符

函数

基本的
数据操作

复杂的
数据操作

保护数据的
机制

与程序协作

附录

no	name	phone

例

参考第100页创建的
tbl_title表。

```
USE db_book;
DELETE FROM tbl_title;
SELECT * FROM tbl_title;
GO
```

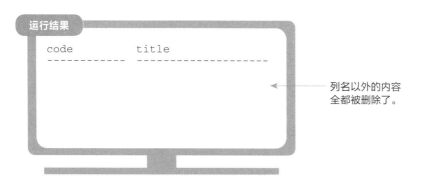

运行结果

```
code          title
------------  --------------------
```

列名以外的内容
全都被删除了。

※ 一旦删除就无法恢复原样。

子查询（1）

在SELECT中嵌套另一个SELECT语句后，外侧的SELECT语句称为
主查询，内侧的SELECT语句则称为子查询。

🔓 子查询

将SELECT语句作为SELECT的提取条件，像这样嵌套在内的SELECT语句称为**子查询（内部查询）**。下面来对比一下通常的查询和子查询之间有什么区别吧。

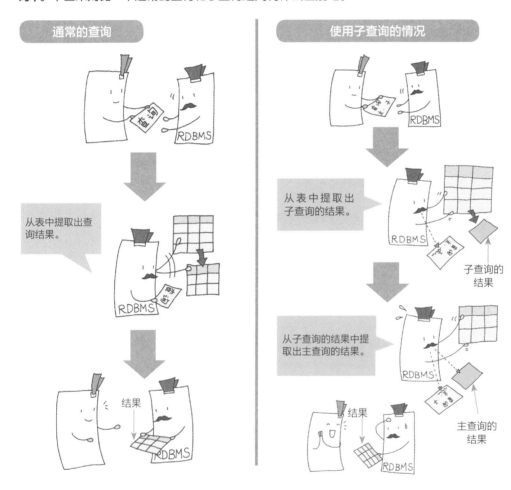

通常的查询	使用子查询的情况
从表中提取出查询结果。	从表中提取出子查询的结果。
结果	子查询的结果
	从子查询的结果中提取出主查询的结果。
	结果
	主查询的结果

使用子查询获取数据时，可以设置更加复杂的条件。下一页将会展示子查询的具体使用方法。

在WHERE子句中使用子查询

在WHERE子句中也可以使用子查询，使用方法如下。

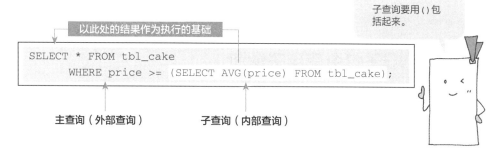

以此处的结果作为执行的基础

```
SELECT * FROM tbl_cake
    WHERE price >= (SELECT AVG(price) FROM tbl_cake);
```

主查询（外部查询）　　子查询（内部查询）

子查询要用()包括起来。

上述SQL语句的处理流程，可以通过下述这种更形象的方式来表述。

① 执行子查询，
计算出平均价格。

AVG(price)是240呢。

tbl_cake

name	price
戚风	230
蒙布朗	300
抹茶布丁	180
免烤芝士	250

② 执行主查询，
提取高于平均价格的蛋糕。

tbl_cake

name	price
蒙布朗	300
免烤芝士	250

找出大于240的数据。

例

参考第101页创建的tbl_novel表。

```
USE db_book;
SELECT * FROM tbl_novel
        WHERE price > (SELECT AVG(price) FROM tbl_novel);
GO
```

提取price列比平均值高的数据。

运行结果

code	title	price
2222	寻诗冒险记	680
4444	爸爸的礼物	980

1　数据库介绍

2　SQL基础

3　运算符

4　函数

5　基本的数据操作

6　复杂的数据操作

7　保护数据的机制

8　与程序协作

9　附录

子查询（2）

在HAVING子句和FROM子句中也可以加入子查询。

🔒 在HAVING子句中使用子查询

下述内容是HAVING子句中使用子查询的方法。

以此处的结果作为执行的基础

```
SELECT code, MIN(arrival) FROM tbl_stock GROUP BY code
     HAVING MIN(arrival) < (SELECT AVG(shipment) FROM tbl_stock);
```

主查询（外部查询）　　　　　　　　　　子查询（内部查询）

① 执行子查询计算
shipment 列的平均值。

AVG(shipment)
是22呢。

tbl_stock

code	arrival	shipment
11	20	17
12	30	23
11	48	36
12	34	12

② 执行主查询，根据 code 列的数据进行分组，
组中 arrival 列最小值比子查询结果还小
的数据会被提取出来。

tbl_stock

code		
11	20	

参考第101页创建的
tbl_results表。

例

```
USE db_book;
SELECT team, MIN(point2) AS lowest FROM tbl_results GROUP BY team
     HAVING MAX(point2) >= (SELECT AVG(point1) FROM tbl_results);
GO
```

子查询
计算point1列的平均值。

主查询
在分组后point2列最大值比子查询结果还要大的
数据中，提取出最小值和队名。

运行结果

```
team          lowest
-----------   -------------
A                       130
C                       105
```

在FROM子句中使用子查询

在一些RDBMS中，还可以在FROM子句中使用子查询。在FROM子句中执行子查询获得的结果会作为视图（参照第132页）进行处理，因此也称为**内联视图**（内嵌视图）（译注：内联视图、内嵌视图，即in-line view，该称呼通常只用于Oracle数据库中）。

以此处的结果作为执行的基础

```
SELECT MIN(price) FROM
    (SELECT * FROM tbl_cake WHERE price >= 250) AS c_price;
```

主查询（外部查询）　　　　子查询（内部查询）　　　在 SQL Server 中内联视图
　　　　　　　　　　　　　　　　　　　　　　　不使用 AS 附加别名就会报错。

① 执行子查询
提取price列大于等于250的数据，并用c_price作为其别名。

tbl_cake

name	price
戚风	230
蒙布朗	300
抹茶布丁	180
免烤芝士	250

c_price

name	price
蒙布朗	300
免烤芝士	250

② 执行主查询
从 c_price 中找出 price 列的最小值。

250

例

> 参考第101页创建的 tbl_results表。

```
USE db_book;
SELECT MAX(point_avg) AS max_avg
    FROM (SELECT AVG(point1 + point2) AS point_avg
            FROM tbl_results GROUP BY team) AS p_avg;
GO
```

分别计算出每组总分数的平均值，然后找出其中最高的那项。

运行结果

```
max_avg
----------------
            301
```

1 数据库介绍

2 SQL 基础

3 运算符

4 函数

5 基本的数据操作

6 复杂的数据操作

7 保护数据的机制

8 与程序协作

9 附录

子查询应用

一起来看看如何利用子查询完成数据的插入、更新和删除操作吧。

 ## 子查询的应用实操

子查询的结果可以运用在INSERT、UPDATE和DELETE等语句中。

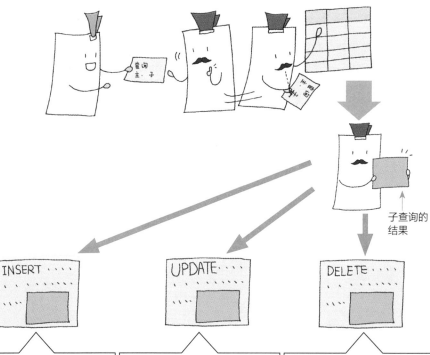

子查询的结果

运用在INSERT语句中
以子查询的结果为条件,利用INSERT语句将符合的数据全部插入别的表中。

运用在UPDATE语句中
以子查询的结果为条件,利用UPDATE语句将符合的数据全部进行更新。

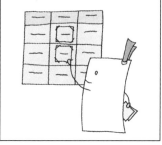

运用在DELETE语句中
以子查询的结果为条件,利用DELETE语句将符合的数据全部进行删除。

参考第101页创建的tbl_results表、tbl_advance表、tbl_allowance表。

例

```
USE db_book;
INSERT INTO tbl_advance SELECT * FROM tbl_results
        WHERE point1 + point2 > (SELECT AVG(point1 + point2) FROM    ①
        tbl_results);
UPDATE tbl_allowance SET total = (overtime + travel)
        WHERE overtime + travel < (SELECT MAX(overtime) FROM         ②
        tbl_allowance);
DELETE FROM tbl_allowance WHERE travel > (SELECT AVG(travel)
        FROM tbl_allowance WHERE overtime >= 40000);                 ③

GO
SELECT * FROM tbl_advance;
SELECT * FROM tbl_allowance;
GO
```

运行结果

```
no          team       name       point1       point2     ①
---------   ---------  ---------  -----------  ----------
        2   A          山本              150          130
        4   A          藤田              170          153
        5   C          佐藤              147          151

no          name       overtime    travel       total     ②③
---------   ---------  ---------  -----------  ----------
        1   高根泽         35000        18000        53000
        2   藤本          45000        23600         NULL
        4   小林          21000        14500        35500
```

① **子查询：** 计算tbl_results表中point1列和point2列总和的平均值。
　主查询： 将point1和point2总和大于子查询结果的数据插入tbl_advance表。

② **子查询：** 找出 tbl_allowance 表中 overtime 列的最大值。
　主查询： overtime 列和 travel 列的总和如果比子查询结果小，则将其更新到 total 列中。

③ **子查询：** 筛选出 tbl_allowance 表中 overtime 列大于 40000 的数据，计算这部分数据中 travel 列的平均值。
　主查询： 删除 travel 列中大于子查询结果的数据。

专栏

关联子查询

在之前的示例中，子查询的单个结果均为同一个内容，而关联子查询则不然，查询结果对于原表中的每一行来说都是不一样的。另外，一般的子查询单独拿出来也能执行，但是关联子查询不可以。

举个例子，在tbl_bowling表中同时包含A班和B班的数据，如果想要提取所有比各班级score1平均数还小的score2，按照一般子查询的思路来说，就是去查找比score1平均数还小的score2，但是注意此处的条件"各班级"，需要进行比较的对象是A班平均值或B班平均值，并不能在一次查询中获得结果。但使用关联子查询则可以在一次查询中直接得到最终结果。

下述语句就是利用关联子查询直接获取上例结果的示例。

```
SELECT * FROM tbl_bowling AS bl1
     WHERE score2 < (SELECT AVG(score1) FROM tbl_bowling
                              WHERE class = bl1.class);
```

接下来逐步对上面的语句进行解说。

1）为了能够跟子查询的结果进行比较，给tbl_bowling表附加了别名bl1（译注：准确来说应该是在子查询的过程中进行比较）。

附加别名 bl1。

```
SELECT * FROM tbl_bowling AS bl1 WHERE score2 < (子查询);
```
← 主查询

2）在子查询中计算主查询中当前行所在班级的score1平均值。

主查询中当前行的班级

```
SELECT AVG(score1) FROM tbl_bowling WHERE class = bl1.class
```
← 子查询

3）将tbl_bowling表中原来的值与第2步中提取的值进行比较，也就是在子查询中根据WHERE子句所获取的各个结果。tbl_bowling表中有A班和B班两个班级，如果是A班的数据，就是A班的score1平均值跟score2进行比较，B班的数据则是B班的score1平均值跟score2进行比较。

4）各个班级中score2比score1平均数小的数据，就是最终要获取的结果。

6

复杂的数据操作

第6章 这部分是关键 key

同时操作多个表

　　至今为止，本书介绍的内容都只是对单独一张表进行操作，在第6章中，终于可以把表和表关联起来之后再进行操作了。

　　首先介绍的是**连接**（联结）（译注：常见叫法为连接，SQL Server官方称呼为联结，本段后续部分括号内也均为SQL Server中的名称）。正如同名字代表的含义，所谓连接指的就是将表或视图连接在一起的功能。另外，根据连接方式的不同可以分为3种，两张表中全部行都分别进行组合的**交叉连接**、仅提取指定列包含相同数据的**内连接**（内部连接）以及连不匹配的数据也一同提取的**外连接**（外部连接），并且，外连接还可以进一步分为**左外连接**、**右外连接**、**全外连接**（完全外联）3种，所以共有5种连接方式需要学习。记住每种连接方式的性质之后，就可以在阅读的过程中，同时思考应该在什么时候用什么连接才更好。

　　另外，本章还会详细介绍曾在第1章中稍稍提及的**视图**。从现有的表中提取需要的部分组成虚拟的表，这就是视图。因为本身只是虚拟出来的表，所以实际的数据依然保存在原来的表中，我们可以把它想象成一面智能的、只映照出必要部分的镜子。常用的SELECT语句保存成视图之后，再次调用就会很简便。

1
数据库
介绍

2
SQL
基础

3
运算符

4
函数

5
基本的
数据操作

6
复杂的
数据操作

7
保护数据的
机制

8
与程序协作

9
附录

集合运算符和定量谓词

　　接下来介绍的是用于SELECT语句结果集运算的**集合运算符**（集运算符）。介绍的内容包括对SELECT语句结果集进行并集运算的UNION和UNION ALL、交集运算INTERSECT以及差集运算EXCEPT（或是MINUS），使用这些运算符可以从两个SELECT语句的结果集中取出共同的数据，或是反过来只获得不相同的部分。

　　此外，还会介绍想把子查询返回的值作为比较对象时使用的**定量谓词**（量化比较谓词）。在这部分内容中，查询语句将会变得有些复杂。同时，如果读者能很好地掌握前一章中的子查询机制，就可以把SQL语句的阅读当作是英语长句的翻译。

　　本章将会出现跨越多张表进行的操作，因此查询语句也会变得比之前更长。虽然可能会让人感觉很困难，但大家在实际运用SQL的时候，会经常遇到这种同时操作多张表的情况。所以希望大家不要退缩，仔细地阅读本章的内容吧。

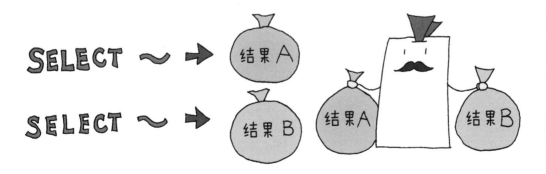

本章使用的表

本章的示例中使用了下面这些表，请根据需要创建相应的表。

tbl_namelist

```
USE db_book;
CREATE TABLE tbl_namelist (
      no INT,
      name VARCHAR(10));
INSERT INTO tbl_namelist VALUES (1, '山田');
INSERT INTO tbl_namelist VALUES (2, '矢内');
INSERT INTO tbl_namelist VALUES (3, '市桥');
```

tbl_grades

```
USE db_book;
CREATE TABLE tbl_grades (
      no INT,
      history INT,
      science INT);
INSERT INTO tbl_grades VALUES (1,78,65);
INSERT INTO tbl_grades VALUES (2,81,93);
```

tbl_race

```
USE db_book;
CREATE TABLE tbl_race (
      no INT,
      team VARCHAR(20),
      result INT);
INSERT INTO tbl_race VALUES (92,'team9292', 1);
INSERT INTO tbl_race VALUES (10,'nonstop', 3);
INSERT INTO tbl_race VALUES (46,'v-rossi', 4);
INSERT INTO tbl_race VALUES (74,'daichan', 5);
INSERT INTO tbl_race VALUES (19,'senpai', 6);
INSERT INTO tbl_race VALUES (11,'ukya', 7);
```

tbl_club1

```
USE db_book;
CREATE TABLE tbl_club1 (
        no INT,
        fname VARCHAR(10),
        sname VARCHAR(10));
INSERT INTO tbl_club1 VALUES (1,'mayumi','tonegawa');
INSERT INTO tbl_club1 VALUES (2,'yuko','satoh');
INSERT INTO tbl_club1 VALUES (3,'nobuko','nemoto');
```

tbl_club2

```
USE db_book;
CREATE TABLE tbl_club2 (
        no INT,
        fname VARCHAR(10),
        sname VARCHAR(10));
INSERT INTO tbl_club2 VALUES (1,'noriko','miyasaka');
INSERT INTO tbl_club2 VALUES (2,'yuko','satoh');
INSERT INTO tbl_club2 VALUES (3,'tamao','okada');
```

tbl_dinner

```
USE db_book;
CREATE TABLE tbl_dinner (
        no INT,
        menu VARCHAR(40),
        price INT);
INSERT INTO tbl_dinner VALUES (1111, '日式汉堡排', 1300);
INSERT INTO tbl_dinner VALUES (1112, '炸鸡块', 900);
INSERT INTO tbl_dinner VALUES (1113, '姜汁烧肉', 1000);
INSERT INTO tbl_dinner VALUES (1114, '香草烤鸡腿肉', 1350);
INSERT INTO tbl_dinner VALUES (1115, '菲力牛排', 1800);
INSERT INTO tbl_dinner VALUES (1116, '纳豆意面', 1550);
```

tbl_lunch

```
USE db_book;
CREATE TABLE tbl_lunch (
        no INT,
        menu VARCHAR(40),
        price INT);
INSERT INTO tbl_lunch VALUES (2221, '炸鸡块套餐', 850);
INSERT INTO tbl_lunch VALUES (2222, '咖喱饭', 900);
INSERT INTO tbl_lunch VALUES (2223, '炸肉饼套餐',1000);
INSERT INTO tbl_lunch VALUES (2224, '软糯乌冬面',1100);
INSERT INTO tbl_lunch VALUES (2225, '蘑菇意面',1350);
INSERT INTO tbl_lunch VALUES (2226, '鱼翅粥',1400);
```

1
数据库
介绍

2
SQL
基础

3
运算符

4
函数

5
基本的
数据操作

6
复杂的
数据操作

7
保护数据的
机制

8
与程序协作

9
附录

各种各样的连接

通过连接，可以把多张表或视图拼接到一起。

什么是连接

将多张表拼接到一起之后，让不同位置的数据同时得到处理，就称为**连接**。不仅仅是表之间或者视图之间可以进行连接，表和视图也可以连接到一起。当然，连接也有不同的种类。

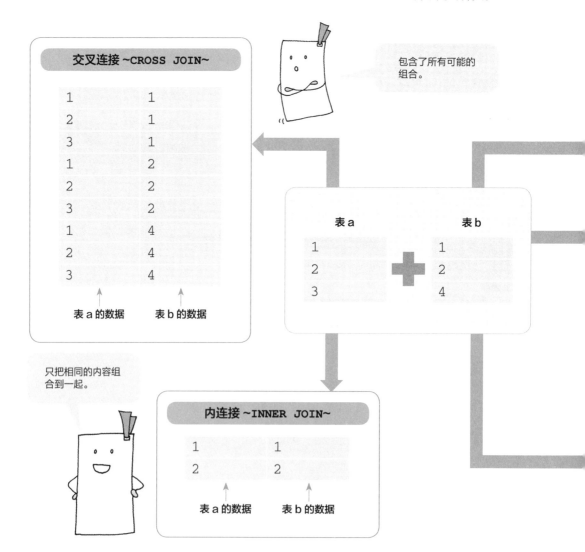

包含了所有可能的组合。

交叉连接 ~CROSS JOIN~

1	1
2	1
3	1
1	2
2	2
3	2
1	4
2	4
3	4

↑ 表 a 的数据　↑ 表 b 的数据

表 a	表 b
1	1
2	2
3	4

只把相同的内容组合到一起。

内连接 ~INNER JOIN~

1	1
2	2

↑ 表 a 的数据　↑ 表 b 的数据

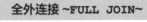
全外连接 ~FULL JOIN~

1	1
2	2
NULL	4
3	NULL

↑ 表 a 的数据 ↑ 表 b 的数据

两边的数据组合到一起了。

左外连接 ~LEFT JOIN~

1	1
2	2
3	NULL

↑ 表 a 的数据 ↑ 表 b 的数据

以左侧的数据为基准进行组合。

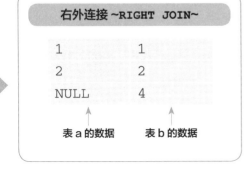
右外连接 ~RIGHT JOIN~

1	1
2	2
NULL	4

↑ 表 a 的数据 ↑ 表 b 的数据

以右侧的数据为基准进行组合。

交叉连接

接下来将会介绍的交叉连接可以说是连接中的基础。

交叉（CROSS）连接

将多张表（或视图）中全部的行单纯地连接到一起的做法，就是**交叉连接**。

>> **使用方法**

进行交叉连接的时候，使用CROSS JOIN把两张表连接起来。

```
SELECT * FROM tbl_a CROSS JOIN tbl_b;
```

将两边数据依次拼接到一起之后生成新的行。

待获取的列名　　　半角空格

待连接表或视图的名称

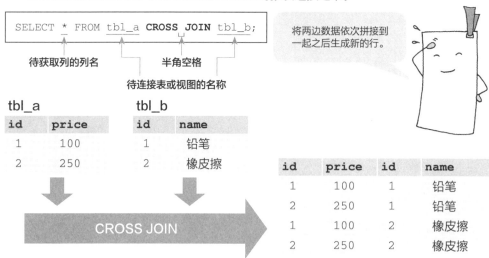

另外，不使用CROSS JOIN，而是利用"，（英文逗号）"写成下面的样子，也可以得到与交叉连接相同的结果。

表（或视图）的名字之间用"，（英文逗号）"进行分隔。

```
SELECT * FROM tbl_a, tbl_b;
```

待获取的列名

*表示将会提取连接之后的表中的所有列。

列的指定方法

同时处理多张表（视图）时，会出现需要指定"某张表的某一列"的情况，此时可以用下面的方式进行指定。

想要提取某一张表格中所有的列时

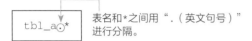 表名和*之间用"．（英文句号）"进行分隔。

想从拥有相同列名的多张表中指定某张表的列时

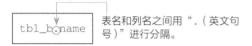 表名和列名之间用"．（英文句号）"进行分隔。

> 参考第120页创建的tbl_namelist表和tbl_grades表。

例

```
USE db_book;
SELECT * FROM tbl_namelist CROSS JOIN tbl_grades;
GO
```

tbl_namelist的数据

运行结果

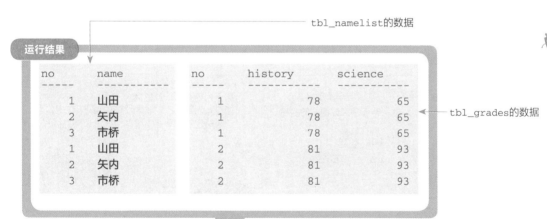

tbl_grades的数据

1 数据库介绍

2 SQL基础

3 运算符

4 函数

5 基本的数据操作

6 复杂的数据操作

7 保护数据的机制

8 与程序协作

9 附录

内连接

与单纯地只是把表或视图整个拼接到一起的交叉连接不同，内连接仅会获取指定列拥有相同值的行。

 内连接

从交叉连接的结果中只筛选出指定列拥有相同值的数据，就是**内连接**。

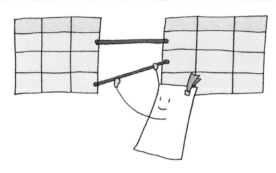

≫**使用方法**

内连接不仅要在需要连接的表之间写上INNER JOIN，并且要在ON之后指定要以哪些列为基准判断数据是否相同。

```
SELECT * FROM tbl_name INNER JOIN tbl_age ON id = no;
```

待获取列的列名

半角空格
待连接表或视图的名称

用于判断是否一致的列
通过=连接起来，如果列名不相同，在列名之前省略对应的表名也没问题。

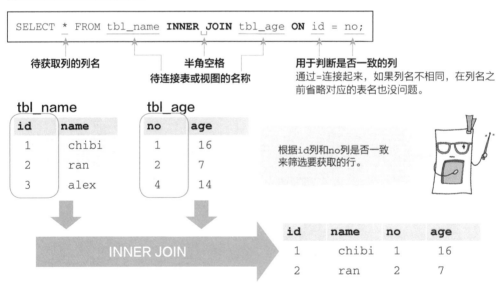

tbl_name

id	name
1	chibi
2	ran
3	alex

tbl_age

no	age
1	16
2	7
4	14

根据id列和no列是否一致
来筛选要获取的行。

INNER JOIN

id	name	no	age
1	chibi	1	16
2	ran	2	7

另外，不使用INNER JOIN ~ ON，下面这种利用WHERE子句的方式也能够获得相同的结果。

待连接表（或视图）的名称用 ","
分隔之后排列在此。

```
SELECT * FROM tbl_name, tbl_age
      WHERE tbl_name.id = tbl_age.no;
```

用于判断是否一致的列
通过 "=" 连接起来。

例

参考第120页创建的
tbl_namelist表和tbl_grades表。

```
USE db_book;
SELECT * FROM tbl_namelist INNER JOIN tbl_grades
      ON tbl_namelist.no = tbl_grades.no;
GO
```

运行结果

no	name	no	history	science
1	山田	1	78	65
2	矢内	2	81	93

tbl_namelist

no	name
1	山田
2	矢内
3	市桥

tbl_grades

no	history	science
1	78	65
2	81	93

tbl_grades表中no行没有
3，所以就不显示了。

no	name	no	history	science
1	山田	1	78	65
2	矢内	2	81	93

1 数据库 介绍

2 SQL 基础

3 运算符

4 函数

5 基本的 数据操作

6 复杂的 数据操作

7 保护数据的 机制

8 与程序协作

9 附录

外连接（1）

外连接不仅能获得内连接的结果，还可以把不一致的部分也提取出来。

外连接

外连接不单会获取内连接的结果，甚至连值不相同的数据也会一并提取出来。外连接包含**左外连接**、**右外连接**以及**全外连接**3种。

🔓 左外连接

左外连接会以左侧的表为基准进行连接，即使右侧表中没有对应的相同值，最终也会把左侧表中所有的数据全部提取出来。

```
SELECT * FROM tbl_name LEFT JOIN tbl_age ON id = no;
```

用于判断是否一致的列通过 "=" 连接起来。

待获取列的列名
作为基准的表（或视图）的名称
半角空格
待连接表（或视图）的名称

如果右侧表中没有相匹配的数据，那么就会插入NULL值。

tbl_name　**基准**

id	name
1	chibi
2	ran
3	alex

tbl_age

no	age
1	16
2	7
4	14

LEFT JOIN

id	name	no	age
1	chibi	1	16
2	ran	2	7
3	alex	NULL	NULL

参考第120页创建的
tbl_namelist表和tbl_grades表。

例

```
USE db_book;
SELECT * FROM tbl_namelist LEFT JOIN tbl_grades
       ON tbl_namelist.no = tbl_grades.no;
GO
```

运行结果

```
no        name          no      history       science
-----     ----------    -----   -----------   -----------
  1       山田            1          78            65
  2       矢内            2          81            93
  3       市桥          NULL        NULL          NULL
```

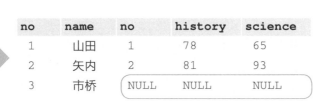

tbl_namelist

no	name
1	山田
2	矢内
3	市桥

tbl_grades

no	history	science
1	78	65
2	81	93

tbl_grades表中no行没
有3，所以tbl_grades
对应的列全部为NULL值。

no	name	no	history	science
1	山田	1	78	65
2	矢内	2	81	93
3	市桥	NULL	NULL	NULL

1
数据库
介绍

2
SQL
基础

3
运算符

4
函数

5
基本的
数据操作

6
复杂的
数据操作

7
保护数据的
机制

8
与程序协作

9
附录

外连接（2）

下面将会介绍右外连接和全外连接的相关应用。

右外连接

右外连接会以右侧的表为基准进行连接，即使左侧表中没有对应的相同值，最终也会把右侧表中所有的数据全部提取出来。

```
SELECT * FROM tbl_name RIGHT JOIN tbl_age ON id = no;
```

用于判断是否一致的列通过 "=" 连接起来。

待获取列的列名

待连接表（或视图）的名称

半角空格

作为基准的表（或视图）的名称

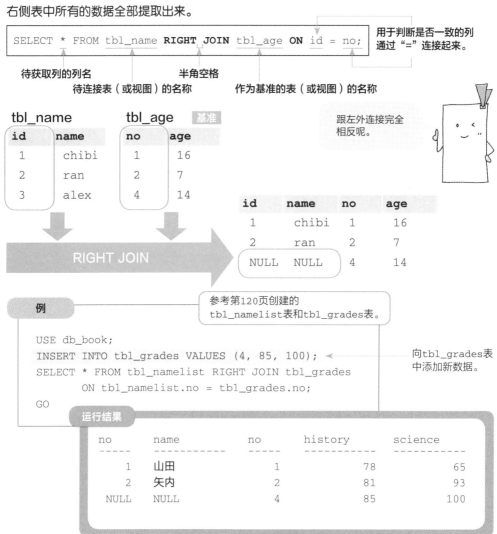

tbl_name

id	name
1	chibi
2	ran
3	alex

tbl_age 基准

no	age
1	16
2	7
4	14

跟左外连接完全相反呢。

RIGHT JOIN

id	name	no	age
1	chibi	1	16
2	ran	2	7
NULL	NULL	4	14

例

参考第120页创建的 tbl_namelist表和tbl_grades表。

```
USE db_book;
INSERT INTO tbl_grades VALUES (4, 85, 100);
SELECT * FROM tbl_namelist RIGHT JOIN tbl_grades
    ON tbl_namelist.no = tbl_grades.no;
GO
```

向tbl_grades表中添加新数据。

运行结果

no	name	no	history	science
1	山田	1	78	65
2	矢内	2	81	93
NULL	NULL	4	85	100

全外连接

　　将左外连接和右外连接的结果合并到一起，就是**全外连接**。在全外连接中，无论值是否一致，所有的数据均会被提取出来。

※MySQL 尚不支持全外连接，可以通过获取左外连接和右外连接结果的并集（第136页）来达到相同的目的。

```
SELECT * FROM tbl_name FULL JOIN tbl_age ON id = no;
```

待获取的列名　　　　　　　　半角空格　　　　　用于判断是否一致的列
　　　　　待连接表（或视图）的名称　　　通过 "=" 连接起来。

tbl_name

id	name
1	chibi
2	ran
3	alex

tbl_age

no	age
1	16
2	7
4	14

如果没有相匹配的数据，会插入NULL值。

 FULL JOIN

id	name	no	age
1	chibi	1	16
2	ran	2	7
NULL	NULL	4	14
3	alex	NULL	NULL

例

参考第120页创建的 tbl_namelist表和tbl_grades表。

```
USE db_book;
SELECT * FROM tbl_namelist FULL JOIN tbl_grades
      ON tbl_namelist.no = tbl_grades.no;
GO
```

在执行本例之前请先执行前一页中的示例。

运行结果

```
no    name          no     history      science
----- ----------    -----  -----------  -----------
    1 山田              1            78           65
    2 矢内              2            81           93
 NULL NULL             4            85          100
    3 市桥           NULL          NULL         NULL
```

※译注：执行结果的排序可能会有所不同，只要内容一致即可。

右侧栏目：
1 数据库介绍
2 SQL基础
3 运算符
4 函数
5 基本的数据操作
6 复杂的数据操作
7 保护数据的机制
8 与程序协作
9 附录

视图的创建

只从表中提取需要的部分组成虚拟的表就是视图，下面首先介绍的是视图的创建方法。

视图的优点

　　设想一下，因为需要从某张表中获取数据，从而经常执行某条SELECT语句，但是由于语句中使用了各种子句以及大量运算符，所以查询的过程就会变得非常烦琐。

　　这种情况下，就可以事先把这条SELECT语句的内容创建成**视图**，如此一来，就不需要每次都执行原来相当复杂的SELECT语句来获取数据，仅利用非常简单的SELECT语句就可以达到相同的效果。

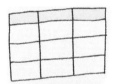

创建视图

≫ 仅涉及一张表的视图

制作仅从一张表中获取所需数据的视图时，可以通过下述方式创建。

指定多列时用 "," 分隔

```
CREATE VIEW viw_ateam AS SELECT sname, fname FROM tbl_namelist WHERE team = 'A';
```

半角空格　　　视图名　　　　　　待获取列的列名　　　作为视图数据来源的表　　　条件表达式

tbl_namelist

team	no	sname	fname
A	1	青木	爱子
A	2	饭田	玛丽
B	3	宇田川	里美

viw_ateam

sname	fname
青木	爱子
饭田	玛丽

≫ 涉及多张表的视图

从多张表中提取出所需的部分，将其组合到一起之后再创建视图也没问题。

半角空格　　　视图名

待获取列的列名
利用 "，（英文逗号）" 进行分隔。

```
CREATE VIEW viw_namelist AS SELECT fname, age FROM tbl_namelist1, tbl_ages
    WHERE tbl_namelist1.no = tbl_ages.no;
```

条件表达式

作为视图数据来源的表
利用 "，" 进行分隔。

虽然看起来很复杂，但AS之后
的部分和之前介绍过的SELECT
语句相比并没有什么不同。

1
数据库
介绍

2
SQL
基础

3
运算符

4
函数

5
基本的
数据操作

6
复杂的
数据操作

7
保护数据的
机制

8
与程序协作

9
附录

视图的运用

在视图上可以进行数据的操作。

利用视图进行数据的插入、更新和删除操作

对表进行数据操作时使用的INSERT、UPDATE以及DELETE语句，使用在视图上时同样能够完成数据的操作，这是由于对视图进行数据操作时，变化会反映到原来的表中。但是，存在下述限制。

- 数据的修改只能作用在仅涉及一张表的视图上；
- 包含GROUP BY、HAVING和DISTINCT子句的视图无法进行数据修改（因为分组之后就无法定位到特定的行）。

至于语句描述方式，只需要把原来语句中的表名替换为视图名就可以了。

插入　　　　视图名

```
INSERT INTO viw_tea (no, name, price) VALUES (1, '玄米茶', 105);
```

半角空格

原表中的数据也会变化，
这一点千万不要忘记了！

更新　　视图名

```
UPDATE viw_tea SET name = '乌龙茶' WHERE no = 1;
```

删除　　　　视图名

```
DELETE FROM viw_tea WHERE no = 1;
```

视图的删除

视图本身同样可以被删除。另外，删除视图的时候原表中的数据并不会消失。

```
DROP VIEW viw_tea;
```

半角空格　　视图名

例

参考第120页创建的 tbl_race表。

制作视图。

```
USE db_book;
CREATE VIEW viw_winner AS SELECT * FROM tbl_race WHERE result <= 3;
GO
SELECT * FROM viw_winner;    ①
GO
INSERT INTO viw_winner VALUES (23, 'team2323', 2);
UPDATE viw_winner SET team = 'team5884' WHERE no = 92;
DELETE FROM viw_winner WHERE no = 10;
SELECT * FROM viw_winner;    ②
GO
```

①展示视图当前内容。

向视图中添加数据。

更新视图中的数据。

删除视图中的数据。

②展示视图变更之后的结果。

运行结果

```
no      team          result     ①
-----   -----------   -----------
    92  team9292               1
    10  nonstop                3


no      team          result     ②
-----   -----------   -----------
    92  team5884               1
    23  team2323               2
```

删除在前一个示例中创建的视图吧。

例

```
USE db_book;
DROP VIEW viw_winner;
SELECT * FROM viw_winner;
GO
```

用来确认视图是否已经删除了。

如果成功删除了，就会出现错误提示。

运行结果

```
对象名 'viw_winner' 无效。
```

 1 数据库介绍

 2 SQL 基础

3 运算符

4 函数

5 基本的数据操作

 6 复杂的数据操作

 7 保护数据的机制

 8 与程序协作

9 附录

视图的运用　135

集合运算符（1）

接下来介绍的集合运算符，会用于SELECT语句结果集之间进行的并集、交集以及差集运算。首先来看一下UNION和UNION ALL吧。

什么是集合运算符

集合运算符是两个SELECT语句结果集之间进行并集、交集和差集运算时所使用的运算符。如果需要运算的SELECT语句结果集之间，列的数量或数据类型并不匹配的话，就无法进行计算。

UNION

UNION代表的是"并集"的含义。通过UNION结合SELECT语句之后，会把结果中重复的数据合并到一起。

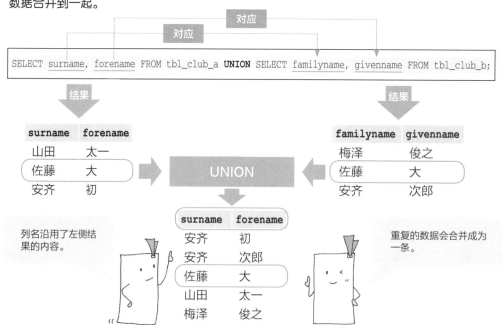

UNION ALL

如果不想合并重复的内容而是直接提取全部数据，可以使用UNION ALL。

对应

对应

```
SELECT surname, forename FROM tbl_club_a UNION ALL SELECT familyname, givenname FROM tbl_club_b;
```

surname	forename
山田	太一
佐藤	大
安齐	初
梅泽	俊之
佐藤	大
安齐	次郎

重复的数据也会分别被提取出来。

例

参考第121页创建的
tbl_club1表和tbl_club2表。

```
USE db_book;
SELECT * FROM tbl_club1 WHERE no < 3 UNION SELECT * FROM tbl_club2
        WHERE no < 3 ORDER BY no DESC;
GO
```

通过UNION（或UNION ALL）合并的结果，可以
使用ORDER BY子句进行排序。

运行结果

```
no      fname          sname
-----   -------------  ----------
    2   yuko           satoh
    1   mayumi         tonegawa
    1   noriko         miyasaka
```

1
数据库
介绍

2
SQL
基础

3
运算符

4
函数

5
基本的
数据操作

6
复杂的
数据操作

7
保护数据的
机制

8
与程序协作

9
附录

集合运算符（2）

部分RDBMS中，INTERSECT可用于计算交集，而EXCEPT、MINUS能够计算差集。

 INTERSECT

在SQL Server、Oracle、PostgreSQL中，可以利用**INTERSECT**计算交集。SELECT语句获取的数据经过交集运算后，仅会保留其中相同的部分。

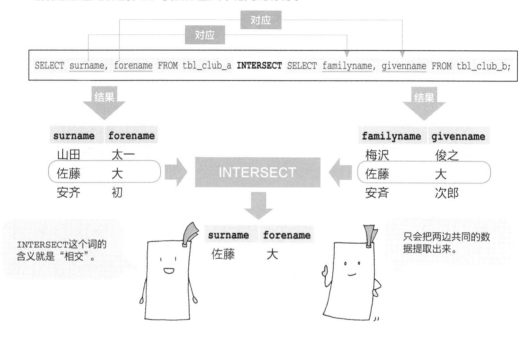

```
SELECT surname, forename FROM tbl_club_a INTERSECT SELECT familyname, givenname FROM tbl_club_b;
```

surname **forename**
山田　太一
佐藤　大
安齐　初

INTERSECT

familyname **givenname**
梅沢　俊之
佐藤　大
安齐　次郎

surname **forename**
佐藤　大

INTERSECT这个词的含义就是"相交"。

只会把两边共同的数据提取出来。

EXCEPT和MINUS

SQL Server和PostgreSQL中计算差集时会使用**EXCEPT**。该运算会以左侧的SELECT语句结果集为基础，提取没有包含在右侧SELECT语句结果集里面的数据。而Oracle中则是通过**MINUS**进行这种计算（译注：可以想象成集合之间做减法运算）。

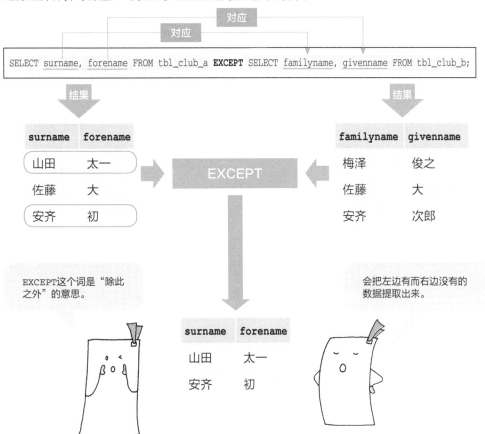

1
数据库
介绍

2
SQL
基础

3
运算符

4
函数

5
基本的
数据操作

6
复杂的
数据操作

7
保护数据的
机制

8
与程序协作

9
附录

定量谓词（1）

想要将子查询的结果作为比较条件时，就需要用到称为定量谓词的特殊
运算符。

🔓 ALL运算符

ALL运算符的含义是"与所有的值进行比较"，也就是会跟子查询中获取的全部值进行
比较。

ALL与比较运算符搭
配起来使用。

```
SELECT menu FROM tbl_menu1
      WHERE price > ALL (SELECT price FROM tbl_menu1
                              WHERE menu LIKE '%鸡%');
```

比较运算符　　　　　　　　子查询

≫关于<>ALL和!=ALL

第3章中曾介绍过表示"不相等"含义的<>和!=运算符，在与ALL运算符组合起来之后，就
能拥有第3章中介绍的NOT IN运算符一样的效果。

 例

参考第121页创建的
tbl_dinner表和tbl_lunch表。

```
SELECT * FROM tbl_dinner
      WHERE price < ALL (SELECT price FROM tbl_lunch
      WHERE menu LIKE '%肉饼%');
GO
```

子查询：查询tbl_lunch表menu列中
　　　　带有"肉饼"的数据，获取该
　　　　数据price列的值。
主查询：获取tbl_dinner中price列
　　　　的值比子查询结果小的数据。

运行结果

```
no      menu              price
------  ----------------  ----------
  1112  炸鸡块                    900
```

EXISTS运算符

如果子查询的结果中至少包含一条数据，**EXISTS运算符**就会返回TRUE，否则返回FALSE。返回TRUE的时候主查询就会执行，返回FALSE则不会执行。

```
SELECT * FROM tbl_member
        WHERE EXISTS (SELECT * FROM tbl_member WHERE no = 5);
```

子查询

如果tbl_member的no列中存在5，那么就显示tbl_member全部的数据。

≫NOT EXISTS

EXISTS运算符前面添加了NOT之后，就会表示与之前完全相反的含义。如果子查询的结果中不包含任何数据才会返回TRUE，那么哪怕只找到一条数据也会返回FALSE。

例

参考第121页创建的tbl_dinner表和tbl_lunch表。

```
SELECT * FROM tbl_lunch                                        ①
        WHERE EXISTS (SELECT * FROM tbl_dinner WHERE price > 1500);
SELECT * FROM tbl_lunch                                        ②
        WHERE NOT EXISTS (SELECT * FROM tbl_dinner WHERE price > 1500);
GO
```

① 子查询：从tbl_dinner表中获取所有price列大于1500的数据。
　主查询：如果子查询的结果中存在任意数据，则展示tbl_lunch表的全部内容。

② 子查询：从tbl_dinner表中获取所有price列大于1500的数据。
　主查询：如果子查询的结果中不存在任何数据，则展示tbl_lunch表的全部内容。

运行结果

no	menu	price ①
2221	炸鸡块套餐	850
2222	咖喱饭	900
2223	炸肉饼套餐	1000
2224	软糯乌冬面	1100
2225	蘑菇意面	1350
2226	鱼翅粥	1400

no	menu	price ②

1 数据库介绍

2 SQL基础

3 运算符

4 函数

5 基本的数据操作

6 复杂的数据操作

7 保护数据的机制

8 与程序协作

9 附录

定量谓词（2）

此处将介绍的是定量谓词中ANY运算符的应用。

ANY运算符

ANY运算符拥有"与任意/某个值相同"的含义，可以与子查询的结果集中任意/某个值进行比较。另外，SOME运算符也拥有相同的作用。

```
SELECT name, price FROM tbl_storage
  WHERE price = ANY (SELECT price FROM tbl_storage WHERE country LIKE 'america');
```

比较运算符   子查询

ANY和比较运算符搭配起来使用。

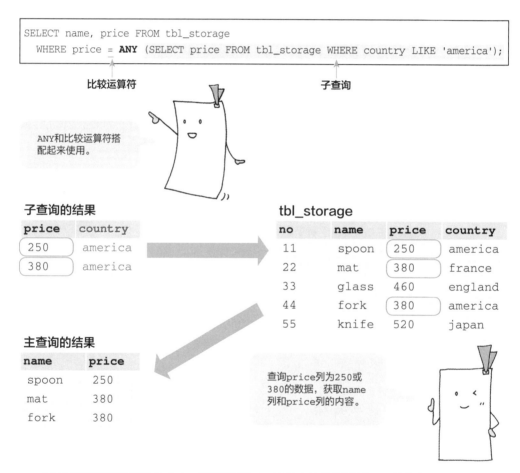

子查询的结果

price	country
250	america
380	america

tbl_storage

no	name	price	country
11	spoon	250	america
22	mat	380	france
33	glass	460	england
44	fork	380	america
55	knife	520	japan

主查询的结果

name	price
spoon	250
mat	380
fork	380

查询price列为250或380的数据，获取name列和price列的内容。

SOME运算符的使用方法与ANY运算符相同，编写方法也只是把ANY替换为SOME即可。

ANY中指定固定数值

Oracle中可以如下文这样直接在ANY后面指定固定的数值。

```
price = ANY(250, 380);
```

指定固定数值
需要一次指定多个数值的时候，用
"，（英文逗号）"分隔各个数值。

另外，"= ANY"表示"包含在子查询的结果中"，而"<> ANY（或!= ANY）"则表示
"不包含在子查询的结果中"，使用第3章中介绍过的IN运算符可以达到同样的效果。

值是 2、5、8 其中之一　　=ANY (2, 5, 8) 或者 IN (2, 5, 8)

值不是 2、5、8 任何一个　　<>ANY (2, 5, 8) 或者 != ANY (2, 5, 8)
或者 NOT IN (2, 5, 8)

例　　　　　　　　　　　　　　　　　参考第121页创建的
　　　　　　　　　　　　　　　　　　　tbl_dinner表和tbl_lunch表。

```
SELECT menu FROM tbl_dinner WHERE price < ANY
        (SELECT price FROM tbl_lunch WHERE no <= 2224);
GO
```

查询price列的值比任一子查询
结果小的数据，显示出menu列
的内容。

运行结果

```
menu
--------------------
炸鸡块
姜汁烧肉
```

1 数据库介绍
2 SQL基础
3 运算符
4 函数
5 基本的数据操作
6 复杂的数据操作
7 保护数据的机制
8 与程序协作
9 附录

索引

假设在一张表中存在两万条数据，要想提取其中no列为2036的数据，通常的检索处理会让RDBMS从表的第一行开始判断no列的值是否为2036，然后将这样的操作重复与行数相同的次数（这里假设的是两万条，那么就会重复两万次）。这种检索方法称为**全表扫描**（table scan）。

同时，有一种名为**索引扫描**的方法，借助**索引**的功能，可以实现比全表扫描更加有效率的检索。而索引简单来说就像是一个目录，给某列添加索引之后，就会以该列为基准对数据进行整理，RDBMS也就不需要把所有的行都检索一遍了。添加索引时可以使用下述的编写方法。

```
CREATE INDEX idx ON tbl_tel(no);
```

索引名　　　表名　列名

执行前面的语句之后，tbl_tel表的no列就有了一个名为idx的索引。

下面以添加了索引的列中某个特定值为查询条件，考虑一下获取数据时的情形。

假设是在性别列添加了索引，性别列中的值一般只有男和女这两种情况，想要在全是重复数据的列中检索特定值会非常困难。但是如果把索引创建在学生编号列上，就可以很容易地找到特定值。由此可见，选择用于创建索引的列时需要经过谨慎思考。

另外，如果在创建索引时写了"CREATE **UNIQUE** INDEX"，那么索引所在的列会设置规则"不可包含重复的值"（无法建立在已经包含重复值的列上）。不过，对于已经带有UNIQUE或者PRIMARY KEY约束的列来说，就不需要添加这样的描述了。

当然，索引也能够删除，比如想要删除前面在tbl_tel表no列上建立的索引idx时，可以使用下述语句。

```
DROP INDEX idx;
```

索引名

7

保护数据的机制

 保护数据的机制

　　RDBMS集中统一管理数据，大家会共享同一个数据库。换句话说，数据库会一直被各种人访问、获取数据或更新数据等。

　　那么这里就会出现一些问题。比如，对于同一个数据，一个人想要访问最新的内容，而另一个人又同时要进行更新，这种情况下到底应该怎么处理呢？此时就轮到**事务**出场了。

　　事务会把相关的操作全部整合为一项内容。比如在前面的例子中，就会把访问最新数据的操作整合为"访问最新数据的事务"，而在执行事务期间，为了不让任何人对数据进行操作会加上一把锁，这就是数据的**锁**，事务在结束的时候会解除这把锁，这样后面的人就能继续操作数据了。如此一来，就可以防止操作冲突而引发的数据问题。

1
数据库
介绍

2
SQL
基础

3
运算符

4
函数

5
基本的
数据操作

6
复杂的
数据操作

7
保护数据的
机制

8
与程序协作

9
附录

自主决定是否要把结果的变化体现出来

实际上，事务不单只有整合操作的功能。在事务结束的时候，可以确认是否要执行事务中所包含的所有操作，甚至选择撤销所有操作。确认事务的最终结果称为**提交**，而撤销则称为**回滚**。选择回滚事务之后，会如同字面意思，一般把事务的操作过程向前回滚，返回到处理之前的状态。如果事先就做好"出现错误就进行回滚"的准备，这样在编程时就能有效防止意外事故导致的数据问题。

本章将会介绍用于保护数据的机制。但倘若读者不是在设计数据库或者正在进行系统开发，可能不会有什么机会能接触到这部分内容，不过对于数据库来说这的的确确是能够保障安全的关键所在。所以即便只是扩充知识面，也请仔细阅读本章内容。

事务

事务就是将相关的一系列操作集中汇总到一起。

事务

所谓**事务**，到底是什么呢？为了帮助理解，这里以银行的交易流程作为示例来进行讲解。假如叔叔想从自己的银行账户中转10万日元给侄女，大致需要经过下面这三个步骤。

1. 确认叔叔银行账户中的存款余额（SELECT语句）

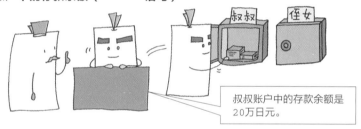

叔叔账户中的存款余额是20万日元。

2. 从叔叔的账户中取出10万日元（UPDATE语句）

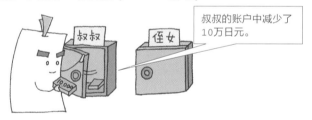

叔叔的账户中减少了10万日元。

3. 向侄女的账户中存入10万日元（UPDATE语句）

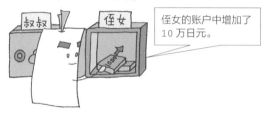

侄女的账户中增加了10万日元。

但是，如果在执行第3步操作的前一秒，计算机突然断电了，之后发现侄女账户中的存款并没有增加，这该如何是好？在第2步中取出的10万日元，既不在叔叔的账户中，也没有在侄女的账户里，最后反而是银行获利了。

为了防止这种意外发生，在数据库中把相关的一系列操作汇总成一个大的处理过程，这就是**事务**。只有事务中一系列的处理全部完成之后，才会决定是否要把最终的结果反映到数据库中，从而防止事故和输入失误带来的问题。

事务的流程

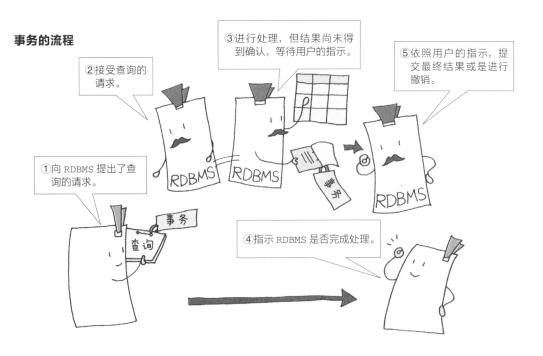

①向 RDBMS 提出了查询的请求。

②接受查询的请求。

③进行处理，但结果尚未得到确认，等待用户的指示。

④指示 RDBMS 是否完成处理。

⑤依照用户的指示，提交最终结果或是进行撤销。

事务的声明

使用事务的时候，首先需要声明（启动）事务，SQL Server中的描述方式如下。

```
BEGIN TRANSACTION;        ← 声明
SELECT···
INSERT···                ← 需要集中处理的内容
INSERT···
```

声明事务之后再进行的处理，在事务结束之前都处于未决定的状态。关于事务结束相关的内容，将会在下一页进行说明。

1 数据库介绍

2 SQL 基础

3 运算符

4 函数

5 基本的数据操作

6 复杂的数据操作

7 保护数据的机制

8 与程序协作

9 附录

提交与回滚

想要结束事务时，有两种方法可以选择。

🔓 事务的完结

事务结束时，有①确定执行处理和②取消事务处理两种方法可以选择。①的情况中会**提交**（COMMIT）事务，②则会进行**回滚**（ROLLBACK）。

≫提交

当事务中的操作全部成功完成时，就会进行提交，确认事务最终的处理结果。

COMMIT有"委托"的意思。

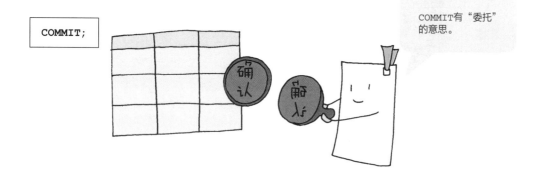

`COMMIT;`

≫回滚

事务中的操作出现执行失败的情况，想要重新来过时，就会执行回滚，事务中的处理会被取消，数据也会恢复到执行处理之前的状态。

ROLLBACK有"卷回去"的意思。

`ROLLBACK;`

例

```
USE db_book;
CREATE TABLE tbl_points (
    id INT,
    name VARCHAR(10),
    point INT);
GO
BEGIN TRANSACTION;                                          事务起始声明
INSERT INTO tbl_points VALUES (23, 'omatsu', 500);
INSERT INTO tbl_points VALUES (25, 'kadomatsu', 240);
GO
COMMIT;
GO                                                          事务的处理①
SELECT * FROM tbl_points;
GO                                                          确认提交
BEGIN TRANSACTION;                                          事务起始声明
INSERT INTO tbl_points VALUES (24, 'sawa', 450);
INSERT INTO tbl_points VALUES (26, 'yama', 440);
GO
ROLLBACK;
GO                                                          事务的处理②
SELECT * FROM tbl_points;
GO                                                          执行回滚
```

运行结果

①的处理得到了确认提交。

②的处理执行了回滚，所以新添加的数据没有出现。

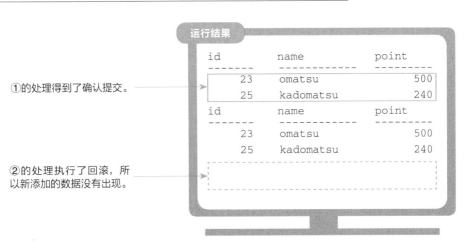

id	name	point
23	omatsu	500
25	kadomatsu	240

id	name	point
23	omatsu	500
25	kadomatsu	240

1 数据库介绍

2 SQL基础

3 运算符

4 函数

5 基本的数据操作

6 复杂的数据操作

7 保护数据的机制

8 与程序协作

9 附录

提交与回滚 **151**

锁的机制

锁机制可以防止操作冲突。

数据的锁

为了更好地进行说明，这里借用第148页中的例子，假如在执行第2步的同时，有其他家属使用银行卡，也从叔叔的账户中取出了15万日元。那么，此时会发生什么呢？

从叔叔的账户里取出15万日元。

正在进行转账处理。

因为两个处理几乎是发生在完全相同的时刻，所以叔叔账户的余额会出现负5万日元这种奇妙的情况。

账户中的余额是负5万日元？？

为了避免这种情况的发生，事务的执行期间，作为对象的数据（对应例子中叔叔的银行账户）会被保护（**锁**）起来，而数据在受到保护的时候就不会被其他操作影响了。

🔓 锁的种类

锁主要有以下两种类型，请根据不同的操作状况选择使用。

≫ 排他锁（独占锁）

数据在有人操作的时候，会拒绝其他所有的查看与变更。

≫ 共享锁

数据在锁定期间，允许其他人进行查询，但是不可以修改。

顺带一提，在SQL Server的默认设置中，事务声明之后进行变更操作的表，会自动添加排他锁。

1
数据库
介绍

2
SQL
基础

3
运算符

4
函数

5
基本的
数据操作

6
复杂的
数据操作

7
保护数据的
机制

8
与程序协作

9
附录

死锁

数据锁是一项非常好用的功能，但是锁也有可能会导致下面的问题出现。

假设有两个事务A和B同时开始执行，事务A锁定了表a1，而事务B锁定了表b1。

然后，事务A在锁定表a1的情况下想要访问表b1，同时，事务B在锁定表b1的情况下想要访问表a1。此时，事务A开始等待表b1的解锁，而事务B也开始等待表a1的解锁。

类似这种事务陷入无限等待状态的情况，被称为**死锁**。

虽然绝大部分的RDBMS产品，都会在出现死锁的时候，自动撤销某一边的事务，然后再重新执行被撤销的事务。但是，为了尽可能避免这种情况的发生，最好能在创建事务时，就把实际可能会出现的处理流程考虑在内。

8

与程序协作

借助程序生成SQL

本章将会介绍SQL与编程之间的关系。之前的章节都是以"利用SQL语句来操作数据库"作为大前提，但其实在用户没有意识到SQL的情况下，也能从数据库中获取到所需的信息。比如，"以用户提供的词为基础生成SQL语句，然后与RDBMS进行交流"，这样的程序是不是听起来就很棒？如此一来用户将不再需要编写SQL语句了。编写程序时可以从各种编程语言中进行选择，而用于编写程序生成SQL语句的语言称为**宿主语言**。另外，在程序执行时会根据情况发生变化的SQL称为**动态SQL**，固定不变的则叫作**静态SQL**。

在数据库中进行复杂操作时，仅依靠一条SQL语句进行处理可能不太足够，那么就轮到**存储过程**发挥作用了。存储过程是一种可以汇集一组查询语句并交给RDBMS进行保管的功能，利用这个功能，就不用一条一条输入SQL语句，只需要执行一次"执行○○存储过程"的命令，就能一次性执行完存储的全部处理过程。另外，用于防止数据出现偏差的**触发器**，作为一个与存储过程相关的功能，也会一同进行介绍。

便利的SQL+α语言

　　SQL加上编程要素之后所组成的语言就是**扩展SQL**。使用扩展SQL，程序中常见的参数或是流程控制就都可以使用了。但也要注意，在不同的RDBMS产品中，扩展SQL也有非常大的区别。本书将会使用SQL Server提供的**Transact-SQL**，介绍最基本的程序构造等内容。

　　在本章的最后，程序中不可或缺的**结果集**和**游标**这两个概念也会登场。对于之后想要挑战编程的人来说，即使只是对这两个概念有大致印象也是好的。

　　这部分的内容，与其说是最低限度需要了解的知识，不如说是"怎么才能更实用"的内容。而且，本书的重点在于说明数据库的操作方法，因此对于编程的解说会停留在稍加接触的程度上。虽说无法做到"看过本章内容就能直接开始编写程序"，但希望至少能够成为大家向前迈进的契机。

1 数据库 介绍
2 SQL 基础
3 运算符
4 函数
5 基本的 数据操作
6 复杂的 数据操作
7 保护数据的 机制
8 与程序协作
9 附录

动态SQL

动态SQL的语句并不固定，其中的内容会根据情况而发生变动。

 ## 不使用SQL进行查询?

　　使用搜索网站时，只需要输入关键字就能获得想要的结果。该操作看起来与SQL无关，但其实是用户和数据库之间的软件，把用户输入的内容转换成了SQL语句。

接收用户输入的值之后，在程序运行时生成的SQL语句，称为**动态SQL**。相对地，固定不变的SQL称为**静态SQL。**

静态SQL

固定。

动态SQL

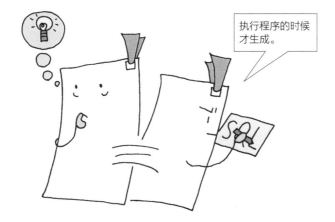

执行程序的时候才生成。

存储过程

把SQL语句作为程序存起来的功能，就是存储过程。

 ## 存储过程

在数据库中进行一些复杂的操作时，视情况可能不得不使用多个SQL语句进行查询。此时就轮到数据库中一项非常方便的功能登场了，这项功能可以把多项操作汇总起来作为程序交给RDBMS进行保管。

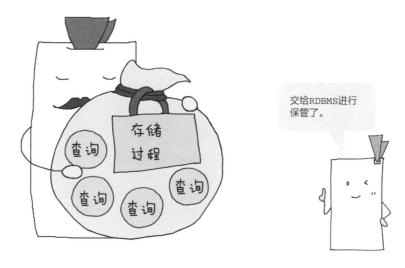

这项功能便是**存储过程**。只需调用存储过程，就可以执行其中的一系列操作，非常方便。

存储过程的优点

使用存储过程会有以下优点。

· **进行复杂的固定操作时，不需要向RDBMS发送大量SQL语句。**

通常

存储过程

· **可以减少网络传输的数据量**

通常

存储过程

执行存储过程！

· **因为操作步骤已经提前存入了RDBMS，再次解析时处理效率会非常高。**

通常

收到查询之后才能开始
理解内容。

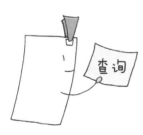

存储过程

因为是提前存起来的内容，
所以已经完全理解了。

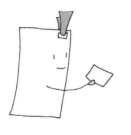

1 数据库
介绍

2 SQL
基础

3 运算符

4 函数

5 基本的
数据操作

6 复杂的
数据操作

7 保护数据的
机制

8 与程序协作

9 附录

触发器

使用触发器可以防止数据出现错误。

触发器

所谓**触发器**，是对表进行插入、变更、删除等特定操作时，自动触发执行的存储过程。

如果某些操作作为诱因（TRIGGER）被触发了，那么就会开始执行。

触发器会一直对表进行监控，如果对该表进行了操作，就会开始执行指定的处理。

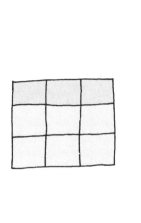

举例来说，当销售表中添加了新数据时，库存表中的数据当然也需要同步进行更新才对，如果这时忘记更新库存表，销售表和库存表之间的数据毫无疑问就会出现偏差。

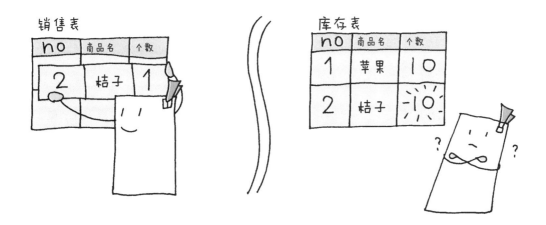

这时就可以应用触发器。"监视销售表，增加数据的时候也要更新库存表"，设置这样的触发器之后，两张表之间的数据就不会出现偏差了。

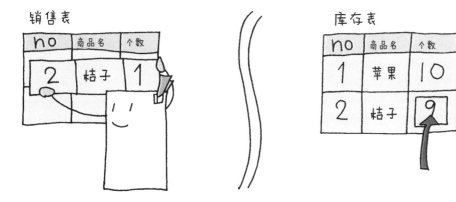

1
数据库
介绍

2
SQL
基础

3
运算符

4
函数

5
基本的
数据操作

6
复杂的
数据操作

7
保护数据的
机制

8
与程序协作

9
附录

扩展SQL

利用扩展SQL，仅依靠SQL就能进行编程。

扩展SQL是什么

掌握了之前学习过的SELECT、UPDATE语句等内容之后，再加上一些其他的**扩展SQL**，就可以使用SQL进行编程了。扩展SQL属于编程语言中的一种，无论是参数还是控制语句都包含在内。

控制语句相关的内容请参考第170页的介绍。

扩展SQL在存储过程中也可以使用。使用扩展SQL编写的程序保存为存储过程之后，就可以通过一个查询完成非常复杂的操作。

不同RDBMS产品之间的扩展SQL各不相同，SQL Server中是**Transact-SQL**，而Oracle中提供的是**PL/SQL**（Procedural Language/SQL）。另外，PostgreSQL中支持**PL/pgSQL**等扩展，并且也拥有类似存储过程的功能。MySQL则是在5.0版本之后加入了存储过程的功能。

不同RDBMS产品之间的扩展SQL有很大的差异，本书将会使用Transact-SQL进行后续的解说。那么，从下一页开始学习如何用SQL进行编程吧。

1
数据库
介绍

2
SQL
基础

3
运算符

4
函数

5
基本的
数据操作

6
复杂的
数据操作

7
保护数据的
机制

8
与程序协作

9
附录

SQL编程

接下来将会介绍如何使用Transact-SQL进行编程。

BEGIN~END语句块

在Transact-SQL程序中，由**BEGIN**和**END**包围起来的语句块将会作为一个单位进行处理。BEGIN和END中间的多个处理将会一起执行。

首先，来看一个简单的Transact-SQL程序吧。

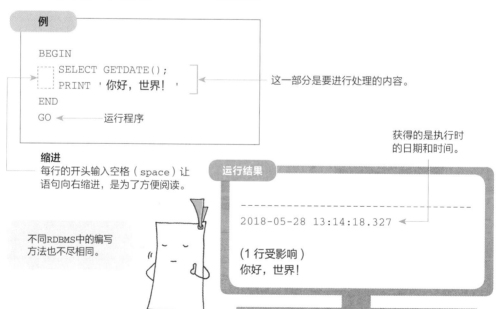

例

```
BEGIN
    SELECT GETDATE();
    PRINT '你好，世界！'
END
GO        运行程序
```

这一部分是要进行处理的内容。

缩进
每行的开头输入空格（space）让语句向右缩进，是为了方便阅读。

不同RDBMS中的编写方法也不尽相同。

获得的是执行时的日期和时间。

运行结果

```
-------------------------------
2018-05-28 13:14:18.327

(1 行受影响)
你好，世界！
```

创建存储过程

在SQL Server中会使用下述方式创建存储过程。另外，存储过程也可以设置参数。

半角空格　　　　　存储过程名称　参数名　数据类型

```
CREATE PROCEDURE procedure_a @a INT          参数可以省略
    AS SELECT no, name, age FROM tbl_member
```

待处理内容

虽然上面的待处理内容只包含一个SELECT语句，但AS之后还可以附加BEGIN~END语句块，存入指定的程序。

执行存储过程

我们可通过下述方式执行已经创建好的存储过程。

半角空格　　作为参数输入的值
　　　　　　可以省略。

存储过程的名称

查询

存储过程

删除存储过程

我们可以通过下述方式删除已经创建好的存储过程。

```
DROP PROCEDURE procedure_a
```

存储过程的名称

1
数据库
介绍

2
SQL
基础

3
运算符

4
函数

5
基本的
数据操作

6
复杂的
数据操作

7
保护数据的
机制

8
与程序协作

9
附录

扩展SQL的变量

这里将介绍在SQL Server中使用变量的方法。

变量的声明和值的设置

变量就像是一个可以存放数值、文本等内容的箱子，创建了变量之后，就可以向其中放入指定的值。

~ 变量的声明 ~

```
DECLARE @a INT
```
变量名　数据类型

······ 声明了一个名为@a的变量，用于存放整数（INT型）。SQL Server中，需要在变量名前面添加一个@符号。

> 变量在使用之前必须先进行声明。

~ 值的设置 ~

```
SET @a = 1
```
······创建好的变量@a代入值1。

> 将SET替换成SELECT也是可以的哦。

变量的显示

要想在窗口或程序等位置输出变量中存放的值，可以使用下面的方法。

```
PRINT @a
```
变量名

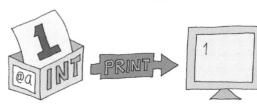

扩展SQL中可用的数据类型

除了基本的数据类型以外，SQL Server中还拥有以下类型。

类型的名称	功能
CURSOR	用于存放游标的引用
SQL_VARIANT	可以存放最大8016字节的INT、BINARY或是CHAR类型的数据
TABLE	存放结果集（参考第172页）
TIMESTAMP	存放数据库中唯一的编号，每当出现行的变动时就会更新其中的值（译注：最新的SQL Server中已推荐使用rowversion作为代替，后续版本中将会删除时间戳功能）
UNIQUEIDENTIFIER	存入每次调用NEWID()函数时创建的UNIQUE（唯一）值

接下来看一个Transact-SQL编写的程序吧。该程序会向准备好的变量中分别设置对应的值，然后再依次展示出来。

例

```
BEGIN
    DECLARE @a VARCHAR(4), @b INT
    SET @a = '文字'
    SET @b = 5
    PRINT @a
    PRINT @b
END
GO ◄────── 运行程序
```

运行结果

```
文字
5
```

1 数据库介绍

2 SQL基础

3 运算符

4 函数

5 基本的数据操作

6 复杂的数据操作

7 保护数据的机制

8 与程序协作

9 附录

扩展SQL的控制语句

接下来将会介绍用于扩展SQL中的重要控制语句。

 控制语句

控制语句是在需要的时候改变程序流程用的语句。这里将会介绍很常用的**IF语句**以及 **WHILE语句**。

≫ IF语句

IF语句是需要根据条件进行不同处理时使用的控制语句。条件可以使用带有比较运算符 或者逻辑运算符的条件表达式。

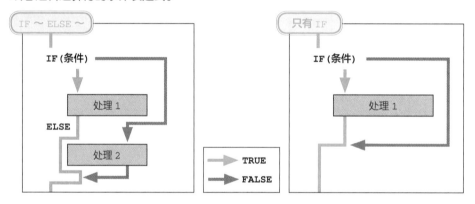

≫ WHILE语句

WHILE语句是只有条件成立时才会反复循环的控制语句。

只有在条件成立时才 会继续循环。

接下来将会使用IF语句和WHILE语句编写程序，然后在SQL Server中执行。

例

```
BEGIN
  DECLARE  @myint INT, @mystr VARCHAR(20)        ← 声明变量
  SET @myint = 0                                  ← 设置变量的值
  SET @mystr = '文字'
  IF (@myint = 0)                        ①
      BEGIN
        SET @mystr = @myint
        PRINT '值为' + @mystr + '。'      ←    IF~ELSE语句的
      END                                         处理流程
  ELSE
      PRINT '值不是' + @myint + '。'
  WHILE (@myint <= 5)                    ②
  BEGIN
      SET @myint = @myint + 1            ←    WHILE语句的
      PRINT @myint                            处理流程
  END
END
GO ←                                     ← 执行程序
```

运行结果

```
值为0。                    ①
1                          ②
2
3
4
5
6
```

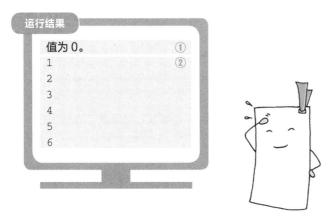

1 数据库介绍
2 SQL基础
3 运算符
4 函数
5 基本的数据操作
6 复杂的数据操作
7 保护数据的机制
8 与程序协作
9 附录

结果集与游标

接下来介绍学习编程时，大家都想要了解的结果集和游标。

结果集

查询中获取的结果集合被称为**结果集**，类似于由行和列组成的视图。

结果集

原始表

游标

　游标是用来逐行处理结果集中所包含数据的功能。使用游标，可以对结果集中的每个数据进行相同的处理。

就像是一个观察用的窗口。

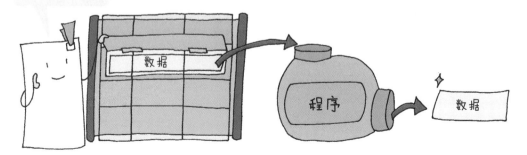

数据

程序

数据

以下内容为游标的使用顺序。

1. 声明游标变量

声明游标变量并进行关联。

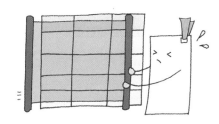

2. 打开游标

让已声明的游标变为可在处理中使用的状态，称为"打开游标"。

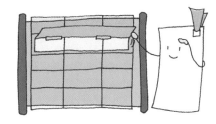

3. 逐行提取数据

通过FETCH语句可以逐行提取数据。

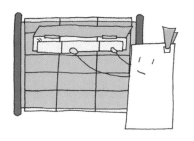

4. 关闭游标

提取所有需要的数据之后，就可以关闭游标。

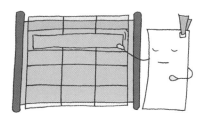

5. 把游标从游标变量中释放出来

定义的游标在使用完毕之后必须进行释放。

在本章的示例程序中，将会介绍定义了游标的存储过程。

数据库
介绍

SQL
基础

运算符

函数

基本的
数据操作

复杂的
数据操作

保护数据的
机制

与程序协作

附录

示例程序（1）

●创建指定了参数的存储过程

编写一个定义了游标（参考第172页）的存储过程吧。编写类似 "tbl_mock表中各学科的成绩（值），如果在作为合格线的值之上（大于等于）则为合格，反之则为不合格" 这样的程序，合格线是作为参数所指定的值，因此传入的参数不同，其执行结果也会有所变化。

源代码

```
USE db_book;
CREATE TABLE tbl_mock (
    stu_no INT PRIMARY KEY,
    name VARCHAR(10),                    创建表。
    score_chinese INT,
    score_math INT);
GO
INSERT INTO tbl_mock VALUES (1, '相泽', 70, 95);
INSERT INTO tbl_mock VALUES (2, '井上', 67, 59);
INSERT INTO tbl_mock VALUES (3, '上原', 58, 63);    插入数据。
INSERT INTO tbl_mock VALUES (4, '小川', 70, 47);
INSERT INTO tbl_mock VALUES (5, '加藤', 50, 58);
GO

CREATE PROCEDURE sp_Testline @passmark INT AS  ←──  定义存储过程。
BEGIN
    DECLARE @chineseresult varchar(20)              参数
    DECLARE @mathresult varchar(20)
    DECLARE @name varchar(10)                       变量声明。
    DECLARE @chinesescore INT
    DECLARE @mathscore INT                              游标变量的声明。
    DECLARE csr CURSOR FOR
        SELECT name, score_chinese, score_math FROM tbl_mock
            WHERE (score_chinese IS NOT NULL)
            AND (score_math IS NOT NULL)
```

1
数据库
介绍

2
SQL
基础

3
运算符

4
函数

5
基本的
数据操作

6
复杂的
数据操作

7
保护数据的
机制

8
与程序协作

9
附录

```
        OPEN csr ←──── 打开游标。
        FETCH NEXT FROM csr INTO @name, @chinesescore, @mathscore ←
        WHILE (@@FETCH_STATUS = 0) ←
        BEGIN
            IF @chinesescore >= @passmark
                SELECT @chineseresult= '语文及格、'
            ELSE
                SELECT @chineseresult = '语文不及格、'
            IF @mathscore >= @passmark
                SELECT @mathresult = '数学及格。'
            ELSE
                SELECT @mathresult = '数学不及格。'
                PRINT @name + '的' + @chineseresult + @mathresult
                FETCH NEXT FROM csr INTO @name, @chinesescore, @mathscore ←
        END
        CLOSE csr ←──── 关闭游标。
        DEALLOCATE csr ←──── 释放游标。
        RETURN
END
GO
```

FETCH语句
提取一行数据。

如果WHILE后的条件为真时，会重复BEGIN~END的处理过程。成功执行FETCH语句之后，表示其结果的全局函数@@FETCH_STATUS会为0。

FETCH语句执行到数据最后一行时，会返回EOF（END OF FILE）（译注：简单来说，这个程序会查找表中非NULL的内容，接着逐行取得表中的数据，直到没有数据为止，然后根据数据中的值判断每位学生的成绩是否合格）。

试着执行一下创建好的存储过程吧，这里传入参数60，也就是说合格线为60，是否能达标决定成绩是否合格。

```
sp_Testline 60; ←──── 将参数传入存储过程中。
GO
```

执行存储过程。

运行结果

相泽的语文及格、数学及格。
井上的语文及格、数学不及格。
上原的语文不及格、数学及格。
小川的语文及格、数学不及格。
加藤的语文不及格、数学不及格。

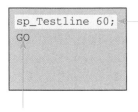

示例程序（1）**175**

示例程序（2）

●创建一个可以输入 SQL 语句并显示查询结果的对话框

利用VBScript（Visual Basic Script）编写一个可以发送SQL语句的程序吧。VBScript是由微软开发的脚本语言，因此只要是在Windows环境中就可以运行。为了能顺利完成编程，需要一个文本编辑器（比如Windows自带的记事本）用来输入VBScript代码。另外，在执行该脚本之前，需要先依照第203页的指示对SQL Server进行一些设置。

源代码 SQL_sample.vbs

```
' 从用户获取输入
UserInput = InputBox(" 请输入 SQL 语句 ", _
    " 客户端查询软件 ", _
    " ")
```

VBScript中跟在 "'（英文单引号）" 后的部分为注释内容。

"_" 表示代码的断行，下一行依然为同行的代码。

```
' 连接 RDBMS
Set objSQLConnection = CreateObject("ADODB.Connection")
objSQLConnection.Open _
    "PROVIDER=SQLOLEDB;" & _
    "SERVER=SQLEXPRESS1;" & _
    "DATABASE=db_book;" & _
    "UID=sa;" & _
    "PWD=book"
```

因为连接的是 SQL Server，所以为 SQLOLEDB。

指定服务器名称（译注：此处的服务器名称直接使用登录Management Studio时默认显示的完整名称即可，比如译者的服务器名字为 "MSI\SQLEXPRESS"）。

指定数据库的名称。

指定数据库管理员的用户名。

指定管理员用户的密码。

```
' 发送查询
Set objSQLRecordset = CreateObject( "ADODB.Recordset" )
objSQLRecordset.Open _
    UserInput, _
    objSQLConnection

' 将查询结果调整为易于用户阅读的形式
DatabaseTitle = ""
DatabaseOut = ""
Do Until objSQLRecordset.EOF
    If DatabaseTitle = "" Then
        For Each objField in objSQLRecordset.Fields
            DatabaseTitle = DatabaseTitle & objField.Name & "|"
        Next
            DatabaseTitle = DatabaseTitle + vbNewLine
    End If
```

```
    For Each objField in objSQLRecordset.Fields
        DatabaseOut = DatabaseOut & objField & "|"
    Next
    DatabaseOut = DatabaseOut & vbNewLine
    objSQLRecordset.MoveNext
Loop
' 显示结果
MsgBox DatabaseTitle & DatabaseOut, vbOKOnly, " 执行结果 "
```

源代码输入完毕，使用 SQL_sample.vbs这个名字进行保存。

执行脚本之前，先在sqlcmd中执行下面的查询，创建tbl_bowling表（译注：在使用记事本保存VBScript时，请选择ANSI编码，UTF-8编码会造成乱码甚至代码报错）。

源代码

```
USE db_book;
CREATE TABLE tbl_bowling (
    no INT PRIMARY KEY,
    class VARCHAR(4),
    sex VARCHAR(4),
    name VARCHAR(10),
    score1 INT,
    score2 INT);
GO
INSERT INTO tbl_bowling VALUES (1, 'B', '女 ', ' 小川 ', 75, 96);
INSERT INTO tbl_bowling VALUES (2, 'A', '女 ', ' 佐藤 ', 80, 77);
INSERT INTO tbl_bowling VALUES (3, 'B', '男 ', ' 泽田 ', 120, 105);
INSERT INTO tbl_bowling VALUES (4, 'A', '男 ', ' 山本 ', 150, 130);
INSERT INTO tbl_bowling VALUES (5, 'B', '男 ', ' 木村 ', 89, 91);
GO
```

双击文件SQL_sample.vbs，将会弹出下述的程序。

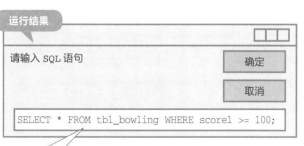

在此输入SQL语句之后，单击"确定"按钮（译注：输入的SQL语句有错误或是单击了对话框上的"取消"按钮，都会弹出错误提示对话框）。

示例程序（2） **177**

专栏

数据库驱动程序

　　软件在访问RDBMS的时候，如果选择直接与RDBMS进行交互，那么不仅要配合RDBMS编写代码，还需要提供交流通信等与SQL无关的其他复杂功能。因此，变更RDBMS时程序也必然要进行大幅修改。

　　但是，利用**数据库驱动程序**访问RDBMS就不会出现这种情况了。软件中的SQL语句会由数据库驱动转换为RDBMS能够理解的语言，所以就算用户不知道RDBMS能够理解什么样的内容，也一样能够访问数据库。同时，交流通信等复杂的处理也都转移到了驱动程序身上。

　　Windows中拥有名为**ODBC**（Open Database Connectivity）的标准。使用Windows OS时，只要安装了支持ODBC的驱动程序，就能在意识不到各个RDBMS产品之间差异的情况下，访问各种RDBMS产品里的数据。

　　然而，ODBC仅仅只是一架RDBMS与软件之间沟通的桥梁，并不能把各个RDBMS特有部分变为共有的功能。比如Oracle中特有的函数，就无法在SQL Server中使用，因此在编写时就要注意选用那些共通的功能。另外，ODBC也提供了针对各个RDBMS产品的驱动程序，安装这类驱动也是一种不错的选择。

　　再补充一点，利用脚本类宿主语言制作软件时，基本都会选择使用驱动程序，而利用C或Java等宿主语言编写代码时，还可以选择**库**作为替代。

　　这里提到的库，是一些拥有特定功能的程序，为了能够被其他程序调用而进行部件化，并将多个程序部件集中到一个文件中所形成的。虽然库所拥有的功能基本与驱动程序相同，但是库可以作为程序的一部分使用。

9

附录

修改列结构（1）

需要在建好之后修改表或列的定义时，使用ALTER TABLE。

 修改表或列的定义

想要修改现有表的定义时，可以使用**ALTER TABLE**。但是要注意，ALTER TABLE在不同的RDBMS产品中有很大的差异。

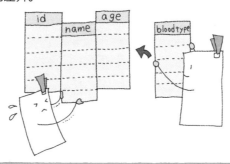

 列的添加

首先介绍在现有表中添加新列的方法。

tbl_book2

code	title	price		writer

新增

code	title	price	writer

向tbl_book2表中添加 writer列。

SQL Server、MySQL中

```
ALTER TABLE tbl_book2 ADD writer VARCHAR(30);
```

半角空格　　表名　　　列名　　数据类型

Oracle中

ADD后面的部分要包括在()中。

```
ALTER TABLE tbl_book2 ADD (writer VARCHAR(30));
```

PostgreSQL中

```
ALTER TABLE tbl_book2 ADD COLUMN writer
                     VARCHAR(30);
```

≫ 添加设置了默认值的列

下文介绍了如何向现有表中添加设置了默认值的列。

SQL Server、MySQL中

```
ALTER TABLE tbl_book2 ADD writer VARCHAR(30) DEFAULT
'ANK';
```

半角空格　　表名　　　　列名　数据类型　　　　默认值

PostgreSQL中

```
ALTER TABLE tbl_book2 ADD COLUMN writer VARCHAR(30) DEFAULT '
ANK';
```

Oracle中

> ADD后面的部分要包括在()中。

```
ALTER TABLE tbl_book2 ADD(writer VARCHAR(30) DEFAULT
'ANK');
```

SQL Server中只有在定义完成之后再添加进来的数据才会使用默认值，之前已存在数据的writer列将会插入NULL值。而MySQL、PostgreSQL及Oracle中则会在添加新列的同时全都存入默认值。

code	title	price	writer
1111	诗织的旅行	380	NULL
			ANK

> 下次添加一行新数据时，如果该列没有指定任何值，那么就会自动插入数据ANK。

1
数据库
介绍

2
SQL
基础

3
运算符

4
函数

5
基本的
数据操作

6
复杂的
数据操作

7
保护数据的
机制

8
与程序协作

9
附录

修改列结构（2）

接下来介绍的是如何使用ALTER TABLE删除表中已经存在的列。

列的删除

表中已经存在的列也能够被删掉，要特别注意，被删除的列将不能恢复到原有状态。

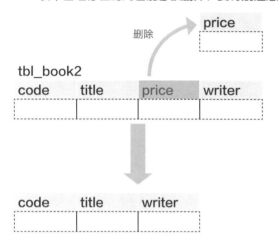

不同RDBMS的方法会有些许差异，要注意不要弄错了哦。

SQL Server、PostgreSQL中

```
ALTER TABLE tbl_book2 DROP COLUMN price;
```

半角空格　　表名　　半角空格　　列名

Oracle中

DROP后面的部分要包括在()中。

```
ALTER TABLE tbl_book2 DROP (price);
```

MySQL中

```
ALTER TABLE tbl_book2 DROP price;
```

例

```
USE db_book;
CREATE TABLE tbl_noodles (
    no INT NOT NULL,
    name VARCHAR(40),
    taste VARCHAR(5));
GO
INSERT INTO tbl_noodles VALUES (1,'札幌拉面','味噌');
INSERT INTO tbl_noodles VALUES (2,'长滨拉面','豚骨');
INSERT INTO tbl_noodles VALUES (3,'高山拉面','酱油');
GO
ALTER TABLE tbl_noodles ADD price INT;          ← 新增price列。          ①
ALTER TABLE tbl_noodles DROP COLUMN taste;      ← 删除taste列。
SELECT * FROM tbl_noodles;                       ← 显示结果。
GO
ALTER TABLE tbl_noodles ADD stocks INT DEFAULT 50;  ←                    ②
GO                                       添加设置了默认值的stocks列。
INSERT INTO tbl_noodles VALUES (4, '冈山拉面', 500, DEFAULT);
SELECT * FROM tbl_noodles;
GO                                       使用DEFAULT进行描述就能插入默认值。
```

运行结果

```
no     name                 price                         ①
-----  -----------------    -----------
    1  札幌拉面                NULL
    2  长滨拉面                NULL
    3  高山拉面                NULL


no     name                 price            stocks       ②
-----  -----------------    -----------      -----------
    1  札幌拉面                NULL             NULL
    2  长滨拉面                NULL             NULL
    3  高山拉面                NULL             NULL
    4  冈山拉面                 500               50
```

示例中倒数第 3 行也可以使用下面这种编写方式。

```
INSERT INTO tbl_noodles (no, name, price)
    VALUES (4, '冈山拉面', 500);
```

像这样列出待添加值的列名，就不需要使用 DEFAULT 进行描述了。

修改列结构（2） **183**

添加约束

现有的表或列上也可以添加约束。

添加约束

已经存在的表或者列上，不仅可以定义新的约束，也能删掉定义好的约束。

≫ 添加PRIMARY KEY、UNIQUE和CHECK约束

已存在的列上可以添加PRIMARY KEY、UNIQUE或CHECK约束。但是，如果数据中已存在不符合新增约束的内容时，就会出现错误提示。

```
ALTER TABLE tbl_account ADD PRIMARY KEY(tally_no);
```

半角空格　　　表名　　　　　约束　　待定义约束的列名
　　　　　　　　　　　　　　　　　　　要包围在( )中。

≫ 添加NOT NULL约束

添加NOT NULL约束的时候，使用下面的描述。但是，如果列中已经存在NULL值，再添加NOT NULL约束时就会报错，请多注意。

~SQL Server中~

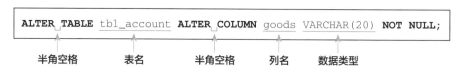

```
ALTER TABLE tbl_account ALTER COLUMN goods VARCHAR(20) NOT NULL;
```

半角空格　　　表名　　　半角空格　列名　　数据类型

MySQL中

```
ALTER TABLE tbl_account MODIFY COLUMN goods NOT NULL;
```

Oracle中

> MODIFY后面的部分要包括在()中。

```
ALTER TABLE tbl_account MODIFY (goods NOT NULL);
```

PostgreSQL中

```
ALTER TABLE tbl_book2 ALTER COLUMN title SET NOT NULL;
```

例

```
USE db_book;
CREATE TABLE tbl_noodles2 (
    no INT NOT NULL,
    name VARCHAR(20),
    taste VARCHAR(5));
GO
INSERT INTO tbl_noodles2 VALUES (3,'高山拉面', '酱油');
ALTER TABLE tbl_noodles2 ADD PRIMARY KEY(no);
INSERT INTO tbl_noodles2 (no) VALUES (3);
GO
```

在no列上添加 PRIMARY KEY 约束。

尝试在no列上插入重复的值。

如果设置了PRIMARY KEY，就会出现这样的错误提示。

运行结果

违反了 PRIMARY KEY 约束"PK__tbl_nood__3213D0802ED3167D"。不能在对象"dbo.tbl_noodles2"中插入重复键。重复键值为 (3)。
语句已终止。

添加PRIMARY KEY约束时，需要先把列设置为NOT NULL。

1
数据库
介绍

2
SQL
基础

3
运算符

4
函数

5
基本的
数据操作

6
复杂的
数据操作

7
保护数据的
机制

8
与程序协作

9
附录

修改表名与列名

下面来学习如何修改现有表或列的名称吧。

 修改表名

想要修改表名时，可以使用以下描述。

SQL Server中

```
EXEC sp_rename 'tbl_book2', 'tbl_hon';
```

半角空格　　　　原来的表名　　新的表名

Oracle中

```
RENAME tbl_book2 TO tbl_hon;
```

不同RDBMS中的编写方法也各不相同。

MySQL与PostgreSQL中

```
ALTER TABLE tbl_book2 RENAME TO tbl_hon;
```

> **例**
>
> ```
> USE db_book;
> CREATE TABLE tbl_noodles3 (
>     no INT NOT NULL,
>     name VARCHAR(20),
>     taste VARCHAR(5));
> GO
> EXEC sp_rename 'tbl_noodles3', 'tbl_pasta';
> GO
> ```

————— 修改表名。

请尝试用新的表名对表执行查询等操作，确认修改是否完成了。

运行结果

注意：更改对象名的任一部分都可能会破坏脚本和存储过程。

修改列名

现有表中的列也可以修改名称。

SQL Server中

用英文句号间隔。

```
EXEC sp_rename 'tbl_book2.[code]', 'b_no', 'COLUMN';
```

半角空格　　　　　　表名　原来的列名　新的列名

MySQL中

```
ALTER TABLE tbl_book2 CHANGE code b_no INTEGER;
```

半角空格　　　表名　　　原来的列名　新的列名　数据类型

描述了改变名称列的数据类型。

PostgreSQL与Oracle中

```
ALTER TABLE tbl_book2 RENAME COLUMN code TO b_no;
```

半角空格　　　表名　　　半角空格　原来的列名　新的列名

不同RDBMS中的编写
方法各不相同，不要
弄错了哦。

例

```
USE db_book;
CREATE TABLE tbl_noodles4 (
    no INT NOT NULL,
    name VARCHAR(20),
    taste VARCHAR(5));
GO
EXEC sp_rename 'tbl_noodles4.[no]', 'noodle_no', 'COLUMN';
GO
```

运行结果

注意：更改对象名的任一部分都可能会破坏脚本和存储过程。

1 数据库介绍

2 SQL基础

3 运算符

4 函数

5 基本的数据操作

6 复杂的数据操作

7 保护数据的机制

8 与程序协作

9 附录

其他修改

还有许多其他用于现有表或列的变更，但是同样都会因RDBMS而有所区别，要多加注意。

 ## 默认值的额外设置及解除

已经完成定义的列也能加上默认值约束。但是，新的默认值约束只对新添加的行生效，已经存在的值并不会发生变化。

Oracle中

```
ALTER TABLE tbl_book2 MODIFY (book2_no DEFAULT 100);
```

半角空格　　表名　　　　　列名　　　　默认值

MySQL与PostgreSQL中

```
ALTER TABLE tbl_book2 ALTER COLUMN book2_no SET DEFAULT 100;
```

SQL Server中

```
ALTER TABLE tbl_book2 ADD DEFAULT 100 FOR book2_no;
```

MySQL和PostgreSQL中，可以像下文这样解除默认值的设置。当然，就算解除了设置，已经存在的值是不会发生变化的。Oracle中，则需要再次设置默认值，指定NULL值就可以解除默认值。

```
ALTER TABLE tbl_book2 ALTER book2_no DROP DEFAULT;
```

半角空格　　表名　　　　列名　　半角空格

※ SQL Server 中默认值是一种约束，因此没有直接用于解除的 SQL 语句。

🔒 修改列的数据类型

修改列的数据类型时使用下述的方法。但是，变更的类型仅限于能够兼容原来类型的部分，并且还需要根据变更之后的类型调整所有已经存在的数据（译注：不同数据库中变更数据类型时的限制、已有数据自动转换等情况均不尽相同，比如Oracle就无法对有数据的列进行数据类型修改。因此，可以参考Oracle中的方法，使用想要变更的数据类型新建一列，将原列中的数据手动转移到新列中，再删除原来的列，完成数据类型的转换）。

SQL Server中

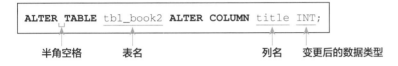

```
ALTER TABLE tbl_book2 ALTER COLUMN title INT;
```

半角空格　　　　表名　　　　　　　　　　列名　变更后的数据类型

MySQL中

```
ALTER TABLE tbl_book2 MODIFY writer VARCHAR(20) NOT NULL;
```

半角空格　　　　表名　　　　　　　列名　变更后的数据类型　可以在这里添加NOT NULL约束。

PostgreSQL中

```
ALTER TABLE tbl_book2 ALTER COLUMN title TYPE INT;
```

Oracle中

> MODIFY后面的部分要包括在()中。

```
ALTER TABLE tbl_book2 MODIFY (title INT);
```

1 数据库介绍

2 SQL基础

3 运算符

4 函数

5 基本的数据操作

6 复杂的数据操作

7 保护数据的机制

8 与程序协作

9 附录

外键（1）

接下来介绍的外键，可以让不同表中的列保持同步。

外键

假设有两张表，分别为tbl_sale和tbl_stock，想在两表之间设置一个规则，让 "tbl_sale表中goods_no列的值，必须来自tbl_stock表no列" 的时候，就可以使用名为**外键**的机制。

父表与子表

外键是一种约束，用来表示其引用了哪张表中的哪一列。外键中被引用的列称为**父键**，该列所属的表称为**父表**（主表），相对地，设置了外键列的表称为**子表**（从表）。

tbl_stock表
（父表）

tbl_sale表
（子表）

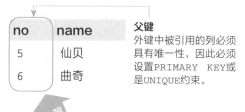

no	name
5	仙贝
6	曲奇

父键
外键中被引用的列必须具有唯一性，因此必须设置PRIMARY KEY或是UNIQUE约束。

参照

id	goods_no	amount	date
1	6	10	20181210
2	5	30	20181211

外键（引用键）

外键与父键就算分开了也是一心同体的。

外键的功能

外键有**级联更新**和**级联删除**两种功能可以启用。通过这些功能，就可以统一管理多张表中的数据。

1
数据库
介绍

2
SQL
基础

3
运算符

4
函数

5
基本的
数据操作

6
复杂的
数据操作

7
保护数据的
机制

8
与程序协作

9
附录

级联更新

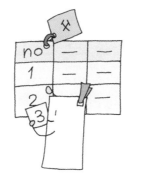
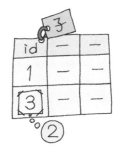

父表中被引用列的值发生变动时，引用该列的对应外键也会同步进行数据修改。

级联删除

删除父表中某行数据时，以其中被引用列的值为基准，子表中对应的行也会被删除。

应用外键的注意事项

· 不可以在子表之前先删除父表。

· 子表中外键的值，必须是父表中被引用列里面已存在的值。因此，在对父表中已经被外键引用的值进行更新、修改操作时，需要特别小心。

外键（2）

下面将介绍设置外键的方法。

设置外键

外键跟约束一样，可以在创建表时就设置好，也可以在表建好之后再添加进去。另外，外键不仅可以定义为列级约束，也可以作为表级约束。

≫创建表时进行设置

列级约束

在定义列的时候可以通过下面的方式设置外键。

```
no INT REFERENCES tbl_book2(code)
```

数据类型
作为外键的列名　　　　父表名
　　　　　　　　　　　　　被引用列的列名

表级约束

在所有列都定义完成之后可以使用下面这种方式进行设置。

```
FOREIGN KEY (no) REFERENCES tbl_book2(code)
```

作为外键的列名　　　　　父表名
　　　　　　　　　　　　　　被引用列的列名

≫设置在已建好的表中

使用ALTER TABLE可以在现有表上添加外键。

SQL Server、MySQL中

半角空格　　子表名　　　　　　作为外键的列名

```
ALTER TABLE tbl_book ADD FOREIGN KEY(no)
                         REFERENCES tbl_book2(code);
```

Oracle 中要使用 ADD CONSTRAINT。

父表名　　被引用列的列名

PostgreSQL中

子表名　　　　　作为外键的列名　　半角空格

```
ALTER TABLE tbl_book ADD FOREIGN KEY(no)
                 REFERENCES tbl_book2 code;
```

父表名　　　被引用列的列名

例

```
USE db_book;
CREATE TABLE tbl_snack (                          ← 创建tbl_snack表,
        no INT PRIMARY KEY,                           并插入所需数据。
        name VARCHAR(20));
GO
INSERT INTO tbl_snack VALUES (1,' 薯片 ');
INSERT INTO tbl_snack VALUES (2,' 仙贝 ');
INSERT INTO tbl_snack VALUES (3,' 曲奇 ');
GO
CREATE TABLE tbl_sales (                          ← 创建tbl_sales表。
        id INT,
        stock INT,
        date DATETIME,
        FOREIGN KEY (id) REFERENCES tbl_snack(no));  ← 在id列上设置外键。
GO
INSERT INTO tbl_sales VALUES (2, 300, '2018-05-13'); ← ①
INSERT INTO tbl_sales VALUES (4, 150, '2018-05-26'); ← ②
GO
```

①的结果……顺利执行完毕。

（1 行受影响）

②的结果……出现了错误信息。

```
INSERT 语句与 FOREIGN KEY 约束 "FK__tbl_sales__id__336AA144" 冲突。该冲突发生于
数据库 "db_book"，表 "dbo.tbl_snack", column 'no'。
语句已终止。
```

> 操作②想要在外键上插入一个父表被引用列中
> 没有的值，因而出现了错误提示。

1 数据库介绍

2 SQL基础

3 运算符

4 函数

5 基本的数据操作

6 复杂的数据操作

7 保护数据的机制

8 与程序协作

9 附录

表和数据库的删除

下面将介绍删除表和数据库的方法。

表的删除

想删除不需要的表，可以使用**DROP TABLE**。如果设置了相关的视图或外键，要先删掉有关联的部分才行。

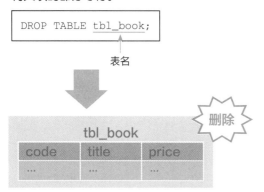

```
DROP TABLE tbl_book;
```
        └── 表名

删除

表中所有的数据以及表的定义全都会被删除，使用时请小心。

≫表存在时才进行删除

如果尝试对不存在的表执行DROP TABLE，会出现错误提示。在SQL Server（2016以上）、MySQL、PostgreSQL中，可以使用如下描述，确认表格存在再进行删除操作。

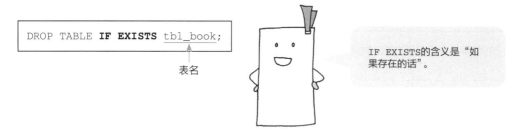

```
DROP TABLE IF EXISTS tbl_book;
```
                  ↑
                 表名

IF EXISTS的含义是"如果存在的话"。

另外，稍微改变一下描述之后，还可以用在"如果表不存在才创建"的SQL语句中。

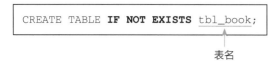

```
CREATE TABLE IF NOT EXISTS tbl_book;
```
                        └── 表名

查看所有表名的方法

展示数据库中所有表名的方法在不同RDBMS中也各不相同。

RDBMS	指令
SQL Server	SELECT name FROM sys.objects WHERE type = 'U';
MySQL	show tables;
PostgreSQL	\d
Oracle	SELECT table_name FROM tables;

删除数据库

删除不需要的数据库时使用DROP DATABASE语句。

```
DROP DATABASE db_book;
```

数据库名

虽然并不常用，但使用时请多加小心。

1
数据库
介绍

2
SQL
基础

3
运算符

4
函数

5
基本的
数据操作

6
复杂的
数据操作

7
保护数据的
机制

8
与程序协作

9
附录

保留字

下面将介绍SQL99和SQL92中的保留字。但是要注意，不同的
RDBMS之间会有所差异。

保留字一览表

以下内容为SQL99和SQL92中主要的保留字。

仅限 SQL99 的保留字☆   仅限 SQL92 的保留字★

ABSOLUTE	BOOLEAN☆	CONSTRAINTS
ACTION	BOTH	CONSTRUCTOR☆
ADD	BREADTH☆	CONTINUE
ADMIN☆	BY	CONVERT★
AFTER☆	CALL☆	CORRESPONDING
AGGREGATE☆	CASCADE	COUNT★
ALIAS☆	CASCADED	CREATE
ALL	CASE	CROSS
ALLOCATE	CAST	CUBE☆
ALTER	CATALOG	CURRENT
AND	CHAR	CURRENT_DATE
ANY	CHARACTER	CURRENT_PATH☆
ARE	CHAR_LENGTH★	CURRENT_ROLE☆
ARRAY☆	CHARACTER_LENGTH★	CURRENT_TIME
AS	CHECK	CURRENT_TIMESTAMP
ASC	CLASS☆	CURRENT_USER
ASSERTION	CLOB☆	CURSOR
AT	CLOSE	CYCLE☆
AUTHORIZATION	COALESCE★	DATA☆
AVG★	COLLATE	DATE
BEFORE☆	COLLATION	DAY
BEGIN	COLUMN	DEALLOCATE
BETWEEN★	COMMIT	DEC
BINARY☆	COMPLETION☆	DECIMAL
BIT	CONNECT	DECLARE
BIT_LENGTH★	CONNECTION	DEFAULT
BLOB☆	CONSTRAINT	DEFERRABLE

DEFERRED	FROM	LEFT
DELETE	FULL	LESS☆
DEPTH☆	FUNCTION☆	LEVEL
DEREF☆	GENERAL☆	LIKE
DESC	GET	LIMIT☆
DESCRIBE	GLOBAL	LOCAL
DESCRIPTOR	GO	LOCALTIME☆
DESTROY☆	GOTO	LOCALTIMESTAMP☆
DESTRUCTOR☆	GRANT	LOCATOR☆
DETERMINISTIC☆	GROUP	LOWER★
DIAGNOSTICS	GROUPING☆	MAP☆
DICTIONARY☆	HAVING	MATCH
DISCONNECT	HOST☆	MAX★
DISTINCT	HOUR	MIN★
DOMAIN	IDENTITY	MINUTE
DOUBLE	IGNORE☆	MODIFIES☆
DROP	IMMEDIATE	MODIFY☆
DYNAMIC☆	IN	MODULE
DYNAMIC_FUNCTION_CODE☆	INDICATOR	MONTH
EACH☆	INITIALIZE☆	NAMES
ELSE	INITIALLY	NATIONAL
END	INNER	NATURAL
END-EXEC	INOUT☆	NCHAR
EQUALS☆	INPUT	NCLOB☆
ESCAPE	INSENSITIVE★	NEW☆
EVERY☆	INSERT	NEXT
EXCEPT	INT	NO
EXCEPTION	INTEGER	NONE☆
EXEC	INTERSECT	NOT
EXECUTE	INTERVAL	NULL
EXISTS★	INTO	NULLIF★
EXTERNAL	IS	NUMERIC
EXTRACT★	ISOLATION	OBJECT☆
FALSE	ITERATE☆	OCTET_LENGTH★
FETCH	JOIN	OF
FIRST	KEY	OFF☆
FLOAT	LANGUAGE	OLD☆
FOR	LARGE☆	ON
FOREIGN	LAST	ONLY
FOUND	LATERAL☆	OPEN
FREE☆	LEADING	OPERATION☆

1 数据库介绍

2 SQL 基础

3 运算符

4 函数

5 基本的数据操作

6 复杂的数据操作

7 保护数据的机制

8 与程序协作

9 附录

OPTION	ROLLBACK	THAN☆
OR	ROLLUP☆	THEN
ORDER	ROUTINE☆	TIME
ORDINALITY☆	ROW☆	TIMESTAMP
OUT☆	ROWS	TIMEZONE_HOUR
OUTER	SAVEPOINT☆	TIMEZONE_MINUTE
OUTPUT	SCHEMA	TO
OVERLAPS★	SCOPE☆	TRAILING
PAD	SCROLL	TRANSACTION
PARAMETER☆	SEARCH☆	TRANSLATE★
PARAMETERS☆	SECOND	TRANSLATION
PARTIAL	SECTION	TREAT☆
PATH☆	SELECT	TRIGGER☆
POSITION★	SEQUENCE☆	TRIM★
POSTFIX☆	SESSION	TRUE
PRECISION	SESSION_USER	UNDER☆
PREFIX☆	SET	UNION
PREORDER☆	SETS☆	UNIQUE
PREPARE	SIZE	UNKNOWN
PRESERVE	SMALLINT	UNNEST☆
PRIMARY	SOME	UPDATE
PRIOR	SPACE	UPPER★
PRIVILEGES	SPECIFIC☆	USAGE
PROCEDURE	SPECIFICTYPE☆	USER
PUBLIC	SQL	USING
READ	SQLCODE★	VALUE
READS☆	SQLERROR★	VALUES
REAL	SQLEXCEPTION☆	VARCHAR
RECURSIVE☆	SQLSTATE	VARIABLE☆
REF☆	SQLWARNING☆	VARYING
REFERENCES	START☆	VIEW
REFERENCING☆	STATE☆	WHEN
RELATIVE	STATEMENT☆	WHENEVER
RESTRICT	STATIC☆	WHERE
RESULT☆	STRUCTURE☆	WITH
RETURN☆	SUBSTRING★	WITHOUT☆
RETURNED_LENGTH	SUM★	WORK
RETURNS☆	SYSTEM_USER	WRITE
REVOKE	TABLE	YEAR
RIGHT	TEMPORARY	ZONE☆
ROLE☆	TERMINATE☆	

安装SQL Server 2017 Express

此处将对SQL Server 2017 Express的安装流程，以及sqlcmd的启动方法进行介绍。

SQL Server 2017 Express的运行环境

SQL Server 2017 Express能够在下述环境中运行。本书将以在Windows 10系统上的操作为前提进行说明。

处理器	x64处理器：1.4GHz以上（建议2.0GHz以上）
内存	512MB以上（推荐1GB以上）
HDD（硬盘）	6GB以上空闲
OS	Windows Server 2012或Windows 8以后

下载SQL Server 2017 Express

先从微软官方网站中下载所需的安装程序。

```
https://www.microsoft.com/zh-cn/download/details.aspx?id=55994
```

访问上述网址将会显示以下页面。

请单击页面中的"下载"按钮，将安装文件保存在任意位置。

1 数据库 介绍

2 SQL 基础

3 运算符

4 函数

5 基本的 数据操作

6 复杂的 数据操作

7 保护数据的 机制

8 与程序协作

9 附录

安装SQL Server 2017 Express

双击下载完毕的"SQLServer2017-SSEI-Expr.exe",执行安装程序。出现下图的对话窗之后,单击"是"按钮即可(译注:如果出现了SmartScreen提示,请单击"运行"按钮)。

出现安装程序的画面之后,单击"基本"选项。

然后会显示软件许可条款的确认画面。阅读条款确认其中的内容,如果同意则单击"接受"按钮。

接着指定SQL Server的安装位置。如果没有其他问题，保持默认选项，单击"安装"按钮。

下载必要的安装包之后，开始进行安装。

当出现下图的画面时，表示安装已经完成了。其中连接字符串一栏中"Server="之后的"localhost\SQLEXPRESS"即为数据库服务名。请单击"关闭"按钮结束安装程序（译注：建议此处先单击"安装SSMS"按钮下载安装SQL Server Management Studio）。

1
数据库
介绍

2
SQL
基础

3
运算符

4
函数

5
基本的
数据操作

6
复杂的
数据操作

7
保护数据的
机制

8
与程序协作

9
附录

sqlcmd的启动

　　sqlcmd是用来输入SQL语句执行查询的软件，包含在SQL Server 2017 Express之中。用sqlcmd执行SQL语句时，首先要启动Windows PowerShell（下文中将会用PowerShell代指，另外也可以称为命令提示符）。

　　在桌面左下角的"开始"菜单按钮上单击鼠标右键，然后在弹出的快捷菜单中执行"命令提示符"命令，即可启动PowerShell。

| 应用和功能(F) |
| 移动中心(B) |
| 电源选项(O) |
| 事件查看器(V) |
| 系统(Y) |
| 设备管理器(M) |
| 网络连接(W) |
| 磁盘管理(K) |
| 计算机管理(G) |
| 命令提示符(C) |
| 命令提示符(管理员)(A) |
| 任务管理器(T) |
| 设置(N) |
| 文件资源管理器(E) |
| 搜索(S) |
| 运行(R) |
| 关机或注销(U) |
| 桌面(D) |

　　启动PowerShell之后，请输入以下所示（–S后面为服务器名称）。sqlcmd启动之后就会进入可输入指令的状态。

```
sqlcmd -S localhost\SQLEXPRESS -E
```

```
SQLCMD
Microsoft Windows [版本 10.0.18363.1316]
(c) 2019 Microsoft Corporation。保留所有权利。

C:\Users\iryea>sqlcmd -S localhost\SQLEXPRESS -E
1> _
```

 ## 退出sqlcmd

　　退出sqlcmd的时候，请输入exit命令后按Enter键。

执行 VBS 所需的设置

在SQL Server服务器上执行第176页的示例时，需要按照下面的操作顺序开启SQL Server身份验证模式以及sa账号。另外，sa是被大家所熟知的账号，可能会被心怀恶意之人作为攻击对象，因此在启用该账号之前，可以通过限制用户等方式，确保运行环境拥有足够的安全保障。

1）启动SQL Server Management Studio（SQL Server附属工具），在弹出的登录窗口如无意外直接单击"连接"就可以进入。如果没有在SQL Server 2017 Express安装完成的窗口中选择安装SSMS，请参照后面的操作帮助进行安装。

2）在对象资源管理器中第一行服务器名上单击鼠标右键，选择"属性"命令。

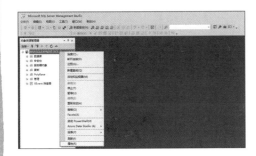

3）选择"安全性"选项，在右侧面板中选择"服务器身份验证"选项区域中的"SQL Server和Windows身份验证模式"单选按钮，然后单击"确定"按钮。

1 数据库介绍
2 SQL 基础
3 运算符
4 函数
5 基本的数据操作
6 复杂的数据操作
7 保护数据的机制
8 与程序协作
9 附录

4）此时会弹出重启提示对话框，单击"确定"按钮。

5）右键单击对象资源管理器中的服务器名，选择"重新启动"命令（译注：此时可能
会弹出"用户账户控制"对话框和Microsoft Server Management Studio确认重启
SSMS提示框）。

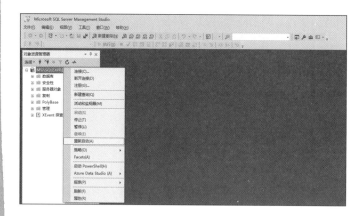

6）依次展开对象资源管理器中"安全性"及"登录名"折叠按钮，然后右击其中的sa，
选择"属性"命令。

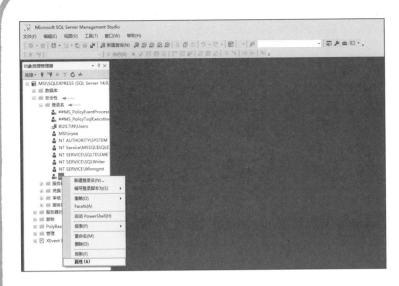

7）首先在“密码”和“确认密码”文本框中修改sa的登录密码。

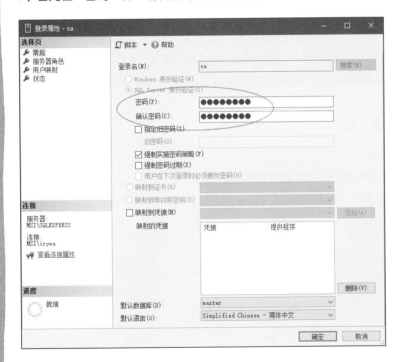

8）然后选择“状态”选项，在“登录名”选项区域中选择“启用”单选按钮之后，单击“确定”按钮。

1 数据库 介绍

2 SQL 基础

3 运算符

4 函数

5 基本的 数据操作

6 复杂的 数据操作

7 保护数据的 机制

8 与程序协作

9 附录

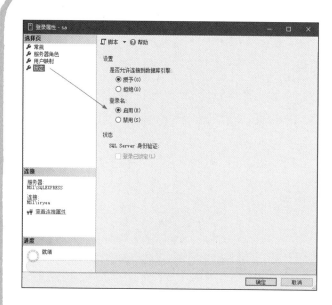

操作帮助

    如果没有在SQL Server 2017 Express完成安装的窗口中选择"安装SSMS"选项，请依照下面的步骤单独安装SQL Server Management Studio。

1）打开SQL Server安装中心（在"开始"菜单中的"Microsoft SQL Server 2017"文件夹中可以看到）。

2）选择左侧的"安装"选项。

3）选择右侧列表中的"安装SQL Server管理工具"选项。

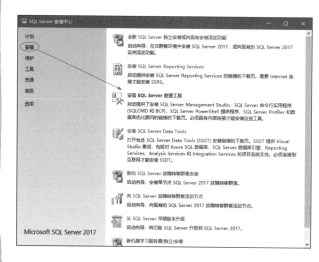

4）遵循跳转的浏览器页面下载SQL Server Management Studio。

5）使用默认设置完成安装即可。

1
数据库
介绍

2
SQL
基础

3
运算符

4
函数

5
基本的
数据操作

6
复杂的
数据操作

7
保护数据的
机制

8
与程序协作

9
附录

索引